工科泛函分析基础

孙明正　李沤岸　张建国　邹杰涛　编著

清华大学出版社
北　京

内 容 简 介

本书主要研究泛函分析中的几类空间，以及定义在这些空间上的线性算子的性质与应用。本书共6章，包括预备知识、距离空间、巴拿赫空间、希尔伯特空间、巴拿赫空间中的基本理论以及索伯列夫空间。

本书的起点低，只要求读者具备高等数学与线性代数的相关知识。本书可以作为数学系高年级学生及工科各专业包括研究生在内的学生的教材。

图书在版编目(CIP)数据

工科泛函分析基础/孙明正等编著. —北京：清华大学出版社，2019
ISBN 978-7-302-53096-1

Ⅰ. ①工…　Ⅱ. ①孙…　Ⅲ. ①泛函分析　Ⅳ. ①O177

中国版本图书馆CIP数据核字(2019)第104445号

责任编辑：刘　颖
封面设计：傅瑞学
责任校对：刘玉霞
责任印制：杨　艳

出版发行：清华大学出版社
网　　址：http://www.tup.com.cn，http://www.wqbook.com
地　　址：北京清华大学学研大厦A座　　**邮　　编**：100084
社 总 机：010-62770175　　**邮　　购**：010-62786544
投稿与读者服务：010-62776969，c-service@tup.tsinghua.edu.cn
质量反馈：010-62772015，zhiliang@tup.tsinghua.edu.cn
印 装 者：三河市吉祥印务有限公司
经　　销：全国新华书店
开　　本：170mm×230mm　　**印　张**：9　　**字　　数**：168千字
版　　次：2019年7月第1版　　**印　　次**：2019年7月第1次印刷
定　　价：28.00元

产品编号：081082-01

前　言

高等数学研究的对象是函数，其定义域与值域大多都在实数集$\mathbb{R}$中，例如函数

$$f:\mathbb{R}\to\mathbb{R},$$

定义为

$$f(t)=t^2,\quad t\in[0,1],$$

我们研究了这类函数的极限、连续、可导、可积等性质。

泛函分析研究的主要对象是定义域与值域都在无限维空间中的算子(也叫映射)，例如算子

$$T: C([a,b])\to C^1([a,b]),$$

定义为

$$(Tx)(t)=\int_a^t x(s)\mathrm{d}s,\quad \forall x(s)\in C([a,b]),$$

这里的$C([a,b])$表示在区间$[a,b]$上连续的所有函数所构成的空间，$C^1([a,b])$表示在区间$[a,b]$上连续且一阶导数也连续的所有函数所构成的空间。此时算子T的定义域不再是"数集"，而是"函数集"$C([a,b])$，其值域也有同样的特点。特别地，当算子的值是实数时，称算子为泛函，"泛函"这两个字可以理解为"更广泛的函数"。

为此，本书的主要内容包含两个方面：一是研究各种不同空间的定义与性质，二是研究定义在这些空间上的算子的性质与应用。

"空间理论"：本书的第1章虽然是预备知识，但本质是研究实数空间及其相应函数的性质，其内容主要来源于高等数学与线性代数课程。虽然读者都接触过这些知识点，但是希望大家不要轻易跳过这部分内容，原因之一在于里面的一些知识点比如极限的ε-δ定义是我们本书证明的主要工具，希望大家熟练掌握，另一个重要的原因是后面许多新的概念是

实数空间中相应知识点的推广，把实数空间中的内容理解好之后，再学习新的内容就会事半功倍。另外，第1章中还简单列举了部分实变函数的内容，比如勒贝格积分及相应的可积函数空间等，这部分内容是高等数学中函数积分的推广。

“推广”是泛函分析的一大特点：在第2章中，我们把实数集中两个元素的距离概念推广到一般的距离空间，并用来研究不动点理论，此理论在各类方程解的存在性与唯一性定理中起到了最关键的作用；第3章是把实数空间中的长度概念推广到赋范线性空间，在这一章中，我们不但研究一般空间中元素的长度(我们改称为范数)，还会重点研究算子的范数，即把算子也看成是某些空间中的元素；第4章研究特殊的线性空间——内积空间，在此空间中，我们把实数之间的数量积进行了推广，从而使得赋范线性空间中的元素之间有了夹角，并重点研究了正交(垂直)这一个最直观的性质以及这些内容在最佳逼近论中的应用；第6章的核心内容是如何定义并理解索伯列夫空间中元素的导数，为此，本章首先定义了广义导数，同时从积分的角度又研究了弱导数及其与高等数学中函数的导数的区别与联系，并指出广义导数与弱导数的定义是等价的。在应用中，我们利用弱导数得到了线性椭圆方程弱解的存在性与唯一性，从而把我们定义的新空间与新方法投入到了方程解的存在性这一个广阔的领域中。我们用下面的图表把泛函分析中与实数空间中有关联的知识点进行简单的对比：

新的空间	实数空间中知识点名称	新的知识点名称	应用举例
距离空间	距离	距离(度量)	不动点理论
赋范空间	长度	范数(模)	泛函延拓等基本理论
内积空间	数量积	内积	最佳逼近论
索伯列夫空间	导数	广义导数(弱导数)	椭圆方程的弱解

“算子理论”：类似于高等数学研究的是定义在实数集上的函数，泛函分析的另一个研究重点是定义在上述空间中的线性算子的性质与应用。本书研究的算子主要包括：线性算子、连续算子、有界算子、无界算子、紧算子、投影算子、共轭算子等。作为算子理论的应用，我们研究了压缩映射定理、最佳逼近的问题、泛函延拓定理、共鸣定理、逆算子定理(后面这三个定理是第5章的研究内容)以及线性椭圆方程弱解的存在性等。当然，泛函分析的应用远不止如此，其他重要的理论比如傅里叶变换、算子的谱理论、变分理论等，因为篇幅有限或者内容过于复杂等原因本书并没有涉及。另外，需要指出的是，本书中的大部分内容虽然在复数集中都成立，但为了内容的简练与学习的方便，本书所有的知识点都是在实数集中进行讨论。

本书的一个特点是起点低。我们知道学习泛函分析的读者，既有经过专业训练的数学系高年级的学生，也有只接触过高等数学、线性代数等基本数学课程的工科类专业的学生，尤其是后者或许都没有学过泛函分析的基础课：实变函数。为此，本书的假设读者为只是了解高等数学与线性代数的相关知识的非数学类的学生。本书定义与定理的陈述尽量地使用简单易懂的语言，并尽量与之前的知识点进行比较，以消除读者对新的知识点的突兀感，让读者更容易理解新的概念。举个例子，在第1章中，我们省略了区间套定理、有限覆盖定理、集合论、测度论等"隐晦难懂"的内容，只是用"有理数可数，其长度为零"这一个容易理解的知识点来学习"性质不好"的集合与"性质不好"的函数，并用狄利克雷函数来理解高等数学中的积分与我们新的勒贝格积分的异同。因此，本书的部分内容显得不是很严谨，好在我们给出了大量的参考文献，部分内容还给出了在参考文献中的具体页数，以便有兴趣的读者进行查阅。

本书的另一个特点是用大量的例子(包括反例)去理解新定义的空间与算子，这些例子几乎都给出了详细的证明与求解；每一章的后面还附有一定量的练习题，并在书末给出了详细解答，以便读者检验自己的学习水平与深度。另外，因为本书的目的之一是作为工科类高年级学生或者研究生的教材，所以书中列举了一些应用方面的例子，比如信号处理中的线性系统、分布参数控制系统中的人口演化问题、分布空间、信号的相似性、力学中的对偶性和能量等，这些例子将帮助读者能够把泛函分析的知识与自己的专业尽快地结合起来。

"实变函数学十遍，泛函分析心犯寒"，类似的顺口溜说明相关知识点确实有一定的难度，但我们坚信只要读者找对方法并坚持不懈，一定会从本书中得到很大的收获。

笔者水平有限，疏漏错误难免，敬请读者和专家们批评指正。

编著者

2019年5月

目　录

第1章

预备知识

本章首先复习高等数学及线性代数中的一些知识，比如数列与函数的收敛、函数列的一致连续等；其次介绍更一般的积分——勒贝格积分及其性质；最后给出线性空间及线性算子的定义及性质。这些知识是本书的基础，其中一些比如极限的 ε-δ 定义是本书常用的证明工具，希望读者熟练掌握并应用。

本书使用$\mathbb{R}$表示实数集，$\mathbb{Q}$表示有理数集，$\mathbb{Z}$表示整数集，$\mathbb{Z}^+$表示正整数集，即$\mathbb{Z}^+=\{1,2,\cdots\}$。

1.1 确界与最值

定义 1.1.1 设 X 是实数集$\mathbb{R}$中的非空子集，如果 $M\in\mathbb{R}$ 是 X 的最小上界，即

(1) $\forall a\in X$，有 $a\leqslant M$，

(2) $\forall a\in X$，若 $a\leqslant b$，则 $M\leqslant b$，

那么称 M 为 X 的**上确界**，记作 $M=\sup X=\sup\limits_{x\in X}\{x\}$。

定义 1.1.2 设 X 是实数集$\mathbb{R}$中的非空子集，如果 $m\in\mathbb{R}$ 是 X 的最大下界，即

(1) $\forall a\in X$，有 $a\geqslant m$，

(2) $\forall a\in X$，若 $a\geqslant d$，则 $m\geqslant d$，

那么称 m 为 X 的**下确界**，记作 $m=\inf X=\inf\limits_{x\in X}\{x\}$。

定义 1.1.3 若集合 X 的上确界 $M\in X$，则称 M 为 X 的**最大值**，记作

$$M=\max X=\max_{x\in X}\{x\};$$

若集合 X 的下确界 $m\in X$，则称 m 为 X 的**最小值**，记作

$$m = \min X = \min_{x \in X}\{x\}。$$

例 1.1.4

(1) $\sup[0,1]=1=\max[0,1]$, $\inf[0,1]=0=\min[0,1]$；

(2) $\sup(0,1)=1$, $\max(0,1)$不存在；

(3) $\inf(0,1)=0$, $\min(0,1)$不存在。

1.2 数列收敛与实数完备性

在这一节中,我们复习高等数学中数列的收敛及其性质,并利用柯西数列来理解实数空间的完备化。

1. 数列收敛

定义 1.2.1(ε-δ 定义) 设$\{x_n\}$为实数集$\mathbb{R}$中的数列,常数$a \in \mathbb{R}$,如果$\forall \varepsilon > 0, \exists N \in \mathbb{Z}^+$,使得当$n > N$时,下式成立

$$|x_n - a| < \varepsilon,$$

那么称数列$\{x_n\}$为收敛数列且**收敛**于a(或者极限为a);记为$x_n \to a\ (n \to \infty)$,或者

$$\lim_{n \to +\infty} x_n = a。$$

定义 1.2.2 对于$\mathbb{R}$中的数列$\{x_n\}$,若存在常数$M > 0$使得

$$|x_n| < M, \quad \forall n \in \mathbb{Z}^+,$$

则称数列$\{x_n\}$**有界**。

注 收敛数列的极限必唯一;若数列收敛,则数列有界。这些性质的证明留为课后作业。

定义 1.2.3 设有$\mathbb{R}$中的数列$\{x_n\}$,若$\forall \varepsilon > 0, \exists N \in \mathbb{Z}^+$,使得当$n, m > N$时有

$$|x_n - x_m| < \varepsilon,$$

则称数列$\{x_n\}$为**柯西**(Cauchy)**数列**,也称为**柯西列**(**基本列**)。

例 1.2.4 证明$\mathbb{R}$中的收敛数列是柯西数列。

证 若在$\mathbb{R}$中$x_n \to x\ (n \to \infty)$,则$\forall \varepsilon > 0, \exists N \in \mathbb{Z}^+$,使得当$n, m > N$时有

$$|x_n - x| < \frac{\varepsilon}{2}, \quad |x_m - x| < \frac{\varepsilon}{2};$$

根据绝对值的三角不等式,当$n, m > N$时有

$$|x_n - x_m| \leqslant |x_n - x| + |x - x_m| < \frac{\varepsilon}{2} + \frac{\varepsilon}{2} = \varepsilon,$$

所以$\{x_n\}$是柯西数列。 证毕

注 虽然收敛数列一定是柯西数列,但在一般的集合中柯西数列不一定收敛,这主要由数列所在的集合决定的。比如,数列

$$\left\{\left(1+\frac{1}{n}\right)^n\right\}$$

作为实数列是一个柯西数列,并且在实数集中收敛到 e。但在有理数集$\mathbb{Q}$范围内,虽然也是一个柯西数列,却没有极限,因为 $e\notin\mathbb{Q}$。

2. 实数集的完备性

虽然一般情况下柯西数列不一定收敛,但实数集中的柯西数列一定收敛。

定理 1.2.5(柯西收敛准则) 实数集中任一个柯西数列都收敛到一个实数。

注 此定理称为实数集的**完备性**。根据上面的例子,有理数集不具有完备性,为此我们定义了无理数并把研究范围扩展到实数。通俗地说,人们在研究有理数收敛的过程中,发现有些收敛点不是有理数,为了研究的方便与严谨,人们把那些不是有理数(无理数)的收敛点与有理数集合并,构成新的集合,新的集合称为实数集。这个过程就是集合或者空间的完备化。

另外,在一般的集合中对柯西数列附加一定条件后就可证明其收敛。

例 1.2.6 在任意集合中,证明有收敛子列的柯西数列一定收敛。

证 设数列$\{x_n\}$为集合 X 中的柯西数列,即$\forall\varepsilon>0$,$\exists N_1\in\mathbb{Z}^+$,使得 $m,n>N_1$ 时有

$$|x_m-x_n|<\frac{\varepsilon}{2};$$

设$\{x_n\}$的子列 $x_{n_k}\to a\in X(n_k\to\infty)$,则$\forall\varepsilon>0$,$\exists N_2\in\mathbb{Z}^+$,使得当 $n_k>N_2$ 时有

$$|x_{n_k}-a|<\frac{\varepsilon}{2};$$

因此当 $n,n_k>\max\{N_1,N_2\}$时,得到

$$|x_n-a|\leqslant|x_n-x_{n_k}|+|x_{n_k}-a|<\frac{\varepsilon}{2}+\frac{\varepsilon}{2}=\varepsilon,$$

所以数列$\{x_n\}$收敛于 $a\in X$。 证毕

1.3 函数的连续与函数列的收敛

1. 函数的连续性

函数的收敛定义与数列的类似,大家可以当做练习,下面我们给出连续的定义。

定义 1.3.1(ε-δ 定义) 假设函数 f 的定义域为区间 $D\subset\mathbb{R}$，$x_0\in D$。如果 $\forall\varepsilon>0$，$\exists\delta=\delta(\varepsilon,x_0)>0$，对于 $x\in D$ 满足

$$|x-x_0|<\delta\Rightarrow|f(x)-f(x_0)|<\varepsilon,$$

那么称函数 f 在 x_0 处**连续**，记为

$$\lim_{x\to x_0}f(x)=f(x_0)。$$

若函数 f 在定义域 D 上的每个点处都连续，则称 f 在 D 上**连续**。

定义 1.3.2 假设函数 f 的定义域为区间 $D\subset\mathbb{R}$，若 $\forall\varepsilon>0$，$\exists\delta=\delta(\varepsilon)>0$，使得 $\forall x,y\in D$ 满足

$$|x-y|<\delta\Rightarrow|f(x)-f(y)|<\varepsilon,$$

则称 f 在 D 上**一致连续**。

注 ① 在高等数学中我们知道，连续函数有很多好的性质，比如闭区间上的连续函数满足有界性定理、最值定理、零点定理、介值定理与中值定理，等等。

② 函数的连续性与一致连续性有什么区别呢？函数的连续性是一个局部概念，而一致连续性具有整体性质。比如，连续性描述的是 f 在 x_0 点的局部性态，其中的 δ 不仅与 ε 有关，还与 D 中的点 x_0 有关，但一致连续性中的 δ 仅与 ε 有关。下面我们用例子来理解两者的异同。

例 1.3.3 函数 $f(x)=\dfrac{1}{x}$ 在区间 $(0,1)$ 上连续但不一致连续。

证 (1) 为了证明连续，$\forall x_0\in(0,1)$，$\forall 0<\varepsilon<1$，我们需要找到 $\delta>0$，使得

$$|x-x_0|<\delta\Rightarrow|f(x)-f(x_0)|<\varepsilon。$$

为此，分析如下：

$$\begin{aligned}
&|f(x)-f(x_0)|=\left|\frac{1}{x}-\frac{1}{x_0}\right|<\varepsilon\\
&\Leftrightarrow\frac{x_0}{1+\varepsilon x_0}<x<\frac{x_0}{1-\varepsilon x_0}\\
&\Leftrightarrow-\frac{\varepsilon x_0^2}{1+\varepsilon x_0}<x-x_0<\frac{\varepsilon x_0^2}{1-\varepsilon x_0},
\end{aligned}$$

故取

$$\delta=\delta(\varepsilon,x_0)=\frac{\varepsilon x_0^2}{1+\varepsilon x_0}>0,$$

则有

$$|x-x_0|<\delta\Rightarrow|f(x)-f(x_0)|=\left|\frac{1}{x}-\frac{1}{x_0}\right|<\varepsilon, \tag{1.3.1}$$

故 $f(x)=\frac{1}{x}$ 在(0,1)上连续。

(2) 要证明函数 f 不一致连续，即是证明 $\exists\varepsilon>0,\forall\delta>0$，可以找到 $x_0,x_1\in(0,1)$ 满足

$$|x_0-x_1|<\delta\Rightarrow|f(x_0)-f(x_1)|\geqslant\varepsilon。$$

为此，我们取 $\varepsilon=1,x_0=\frac{1}{n},x_1=\frac{1}{2n}$，并要求正整数 n 充分大使得 $\delta>\frac{1}{2n}$，则

$$|x_0-x_1|=\left|\frac{1}{n}-\frac{1}{2n}\right|=\frac{1}{2n}<\delta,$$

但是

$$|f(x_0)-f(x_1)|=|n-2n|=n\geqslant\varepsilon=1,$$

所以函数 $f(x)=\frac{1}{x}$ 在区间(0,1)上不一致连续。 证毕

注 另外，根据

$$\lim_{x_0\to0^+}\delta=\lim_{x_0\to0^+}\frac{\varepsilon x_0^2}{1+\varepsilon x_0}=0,$$

也可以看出不存在与 x_0 无关的 $\delta>0$ 使得不等式(1.3.1)对所有的 $|x-x_0|<\delta$ 都成立。

由上例知道开区间上的连续函数不一定一致连续，但是闭区间上的连续函数就是一致连续的。下面的证明可参考文献[7]。

定理 1.3.4(一致连续定理) 若函数 f 在闭区间 $[a,b]$ 上连续，则 f 在 $[a,b]$ 上一致连续。

2. 函数列的收敛性

定义 1.3.5 设 $\{f_n\}$ 是定义在区间 $D\subset\mathbb{R}$ 上的函数序列，f 是 D 上的一个函数。如果 $\forall x\in D,\forall\varepsilon>0,\exists N=N(\varepsilon,x)\in\mathbb{Z}^+$，只要 $n>N$ 就有

$$|f_n(x)-f(x)|<\varepsilon,$$

那么称 $\{f_n\}$ **收敛**到 f，记为 $f_n\to f(n\to\infty)$。此时 f 称为函数列 $\{f_n\}$ 的极限函数。

定义 1.3.6 设 $\{f_n\}$ 是定义在区间 $D\subset\mathbb{R}$ 上的函数序列，f 是它的极限函数。若 $\forall x\in D,\forall\varepsilon>0,\exists N=N(\varepsilon)\in\mathbb{Z}^+$，只要 $n>N$ 就有

$$|f_n(x)-f(x)|<\varepsilon,$$

则称为 $\{f_n\}$ 在 D 上**一致收敛**于 f。

注 类似于函数的连续与一致连续，从定义来看，函数列的一致收敛就是把收敛中描述局部性态的 $N(\varepsilon,x)$ 换成描述整体性态的 $N(\varepsilon)$。下面我们还是用一个例子来帮助理解它们的异同。

例 1.3.7 函数列 $f_n(x)=x^n$ 在$[0,1]$上收敛到 f,但不是一致收敛,其中

$$f(x)=\begin{cases}0, & 0\leqslant x<1,\\ 1, & x=1。\end{cases}$$

证 (1) 固定 $x_0\in[0,1]$,根据函数 $f_n(x_0)=x_0^n$ 的性质,得到

$$f_n(x_0)\to f(x_0)(n\to\infty),$$

即函数列 $f_n(x)=x^n$ 在$[0,1]$上收敛到 f;

(2) 要证不一致收敛,即证明 $\forall N\in\mathbb{Z}^+$,$\exists x\in[0,1]$,$\exists\varepsilon>0$,以及存在 $n>N$ 使得

$$|f_n(x)-f(x)|\geqslant\varepsilon。$$

为此,$\forall N\in\mathbb{Z}^+$,取 $\varepsilon=\dfrac{1}{3}>0$ 及

$$x=\left(\frac{1}{2}\right)^{\frac{1}{N+1}}\in(0,1),$$

只要 $n=N+1>N$ 就有

$$|f_n(x)-f(x)|=|f_{N+1}(x)|=\frac{1}{2}\geqslant\varepsilon,$$

所以 $f_n(x)=x^n$ 在$[0,1]$上不一致收敛到 f。 证毕

注 上例也说明即使对于连续函数列,也不能保证它的极限函数是连续的。我们引入函数列一致连续性概念的原因之一就是它具有下面好的性质。

定理 1.3.8 设$\{f_n\}$是定义在区间 $D\subset\mathbb{R}$ 上的连续函数序列,若在 D 上$\{f_n\}$一致收敛于函数 f,则 f 在 D 上连续。

证 因为在 D 上$\{f_n\}$一致收敛于函数 f,所以 $\forall\varepsilon>0$,$\forall x\in D$,$\exists N\in\mathbb{Z}^+$,只要 $n>N$ 就有

$$|f_n(x)-f(x)|<\frac{\varepsilon}{3};$$

$\forall x_0\in D$,由 f_{N+1} 在 x_0 处连续,$\exists\delta>0$,当$|x-x_0|<\delta$ 时有

$$|f_{N+1}(x)-f_{N+1}(x_0)|<\frac{\varepsilon}{3};$$

此时,当$|x-x_0|<\delta$ 时我们得到

$$|f(x)-f(x_0)|\leqslant|f(x)-f_{N+1}(x)|+|f_{N+1}(x)-f_{N+1}(x_0)|+$$

$$|f_{N+1}(x_0)-f(x_0)|<\frac{\varepsilon}{3}+\frac{\varepsilon}{3}+\frac{\varepsilon}{3}=\varepsilon,$$

所以函数 f 在 x_0 处连续,再由 x_0 的任意性,知 f 在 D 上连续。 证毕

关于一致收敛,我们再列举两个好的性质。

定理 1.3.9 设$\{f_n\}$是$[a,b]$上的连续函数列，且在$[a,b]$上一致收敛于f，则f在$[a,b]$上可积，并且

$$\lim_{n\to\infty}\int_a^b f_n(x)\mathrm{d}x=\int_a^b \lim_{n\to\infty}f_n(x)\mathrm{d}x=\int_a^b f(x)\mathrm{d}x。$$

定理 1.3.10（魏尔斯特拉斯（Weierstrass）多项式逼近定理） 闭区间$[a,b]$上的任意一个连续函数都可以表示成系数为实数的多项式列的一致收敛极限。

1.4 勒贝格积分简介

1. 高等数学中的积分

我们在高等数学中学习的积分，是由黎曼（Riemann）于 1854 年创立的。

定义 1.4.1（黎曼积分） 设f在$[a,b]$上有界，对$[a,b]$作分割

$$\Delta: a=x_0<x_1<\cdots<x_n=b,$$

记

$$E_1=[a,x_1],\quad E_k=(x_{k-1},x_k],\quad k=2,3,\cdots,n,$$

则$[a,b]=\bigcup_{k=1}^{n}E_k$，令

$$M_k=\sup\{f(x):x\in E_k\},\quad m_k=\inf\{f(x):x\in E_k\},\quad \Delta x_k=x_k-x_{k-1},$$

作达布（Darboux）大和与达布小和

$$S_\Delta=\sum_{k=1}^{n}M_k\Delta x_k,\quad s_\Delta=\sum_{k=1}^{n}m_k\Delta x_k;$$

如果

$$\inf_\Delta\{S_\Delta\}=\sup_\Delta\{s_\Delta\}=I<+\infty,$$

那么称f在$[a,b]$上黎曼可积，记作$I=\int_a^b f(x)\mathrm{d}x$。

我们知道，一个函数黎曼可积，则这个函数一定有界。但是，许多函数有界但不是黎曼可积的。

例 1.4.2 狄利克雷（Dirichlet）函数

$$D(x)=\begin{cases}1, & x\text{ 为有理数},\\ 0, & x\text{ 为无理数},\end{cases}$$

在$[a,b]$上不是黎曼可积的。

证 对$[a,b]$的任意分割Δ，函数在每个小区间上的最大值为 1，最小值为 0，故其达布大和

$$S_\Delta=b-a,$$

达布小和

$$s_\Delta = 0,$$

则$\inf\limits_\Delta\{S_\Delta\} \neq \sup\limits_\Delta\{s_\Delta\}$，故 $D(x)$在$[a,b]$上非黎曼可积。 证毕

另外，黎曼积分与极限交换次序要在很强的条件下才能做到。比如，要使

$$\lim_{n\to\infty}\int_a^b f_n(x)\,\mathrm{d}x = \int_a^b \lim_{n\to\infty} f_n(x)\,\mathrm{d}x$$

成立，函数列$\{f_n\}$需要在$[a,b]$上一致收敛。这一条件非常苛刻并且检验起来也不方便，因此大大降低了黎曼积分的使用效果。

为了弥补黎曼积分的缺陷，1902 年法国数学家勒贝格(Lebesgue)完成了对黎曼积分的改造。明显地，我们要推广积分，需要考虑积分中的两个部分：被积区域和被积函数，因此下面会研究一般集合的性质及一般函数的性质。因为我们假设读者只具有高等数学与线性代数的相关知识，所以下面的勒贝格积分的准备工作与定义略去了许多的技术细节与证明，有时甚至不够严谨。如果读者想了解完备且严谨的勒贝格积分的相关知识，可以参考后面的文献[2,9]等。

2. 可数集

我们首先来研究集合中元素的"多少"。当一个集合只含有有限个元素时，我们称其为有限集，否则称为无限集。有限集之间可以很容易地比较元素的多少。但在元素无限多的集合中，如何定义元素的个数，如何比较元素的"多少"呢？我们用最简单的正整数集合作为"标尺"。

定义 1.4.3 如果集合 X 的元素与正整数集合$\mathbb{Z}^+=\{1,2,\cdots\}$之间存在一一对应，那么称集合 X 为**可数集**。

具体地，集合 X 为可数集当且仅当集合 X 的元素可以用正整数编号并排成一个无穷序列的形式：

$$X=\{a_1,a_2,\cdots\}。$$

我们常用到的元素个数无限的可数集是奇数集、偶数集、整数集与有理数集。

例 1.4.4 有理数集$\mathbb{Q}$是可数集。

证 因为每个有理数都可唯一地写成分母为正整数的分数 $a=\dfrac{p}{q}$，其中 p,q 互质，有理数集可按照$|p|+q=n$ 的方式由小到大排列，比如 $n=3$ 时的分数为 $2/1,-2/1,1/2$ 及$-1/2$，所以我们可以将有理数集排列如下：

$$\mathbb{Q}=\left\{\frac{0}{1},\frac{1}{1},\frac{-1}{1},\frac{2}{1},\frac{-2}{1},\frac{1}{2},\frac{-1}{2},\frac{3}{1},\cdots\right\},$$

即有理数集与正整数集建立了一一对应，故有理数集$\mathbb{Q}$是可数集。 证毕

例 1.4.5 有理系数的多项式的全体是可数集。

另外，开区间(a,b)、闭区间$[a,b]$、无理数集及实数集$\mathbb{R}$都不是可数集(具体证明可参考文献[2]，p. 24)。

3. 可测集

我们再来研究实数集的"长度"。我们想把实数集中区间长度的概念推广到任意的实数集，即将所考虑的实数集中所有线段的长度求和，但某个实数集中可能不包含任何的线段(例如可数集)，因此简单的线段长度求和的想法不可行。下面考虑用线段的长度之和取上下确界的思想来实现。

定义 1.4.6 设集合$E\subset\mathbb{R}$为有界集，我们称

$$m^*(E)=\inf\left\{\sum_{i=1}^{\infty}(b_i-a_i):E\subset\bigcup_{i=1}^{\infty}(a_i,b_i)\right\}$$

为E的**外测度**。

定义 1.4.7 设集合$E\subset\mathbb{R}$为有界集，$m^*(E)$为E的外测度。如果外测度满足可加性：

$$m^*(A\cup B)=m^*(A)+m^*(B),\quad \forall A\subset E,\quad \forall B\subset\mathbb{R}\backslash E,$$

那么称E为**可测集**，并称$m(E)=m^*(E)$为E的**勒贝格测度**，简称为**测度**。

定义 1.4.8 设集合$E\subset\mathbb{R}$为无界集，如果$\forall a>0$，$E\cap(-a,a)$都可测，那么称E为**可测集**，并定义测度为

$$m(E)=\lim_{a\to+\infty}m(E\cap(-a,a))。$$

定理 1.4.9 可测集有下面的性质：

(1) $\mathbb{R}$中的开集与闭集都是可测集；

(2) 可数个可测集的交集与并集都是可测集；

(3) 可测集的余集是可测集。

注 明显地，我们有

$$m([0,1])=m((0,1])=m([0,1))=m((0,1))=1。$$

定义 1.4.10 设集合$E\subset\mathbb{R}$，如果$\forall\varepsilon>0$，存在开区间(a_i,b_i)，使得

$$E\subset\bigcup_{i=1}^{\infty}(a_i,b_i),$$

并且

$$\sum_{i=1}^{\infty}(b_i-a_i)<\varepsilon,$$

那么称集合E是**零测集**，记为$m(E)=0$。

明显地，元素个数有限的集合是个零测集。

例 1.4.11 可数集是零测集。

证 不妨设可数集$E=\{a_1,a_2,\cdots\}$，则$\forall\varepsilon>0$，我们有

$$E \subset \bigcup_{n=1}^{\infty}\left(a_n - \frac{\varepsilon}{2^{n+2}}, a_n + \frac{\varepsilon}{2^{n+2}}\right),$$

进一步地

$$\sum_{n=1}^{\infty}\left[\left(a_n + \frac{\varepsilon}{2^{n+2}}\right) - \left(a_n - \frac{\varepsilon}{2^{n+2}}\right)\right] = \sum_{n=1}^{\infty}\frac{\varepsilon}{2^{n+1}} = \frac{\varepsilon}{2} < \varepsilon,$$

所以可数集 E 是零测集。 证毕

定义 1.4.12 设两个函数 f,g 的定义域均为 D，若这两个函数除了在一个零测集 $D_0 \subset D$ 上不相等外，其他地方都相等，则称 f 与 g **几乎处处**(almost everywhere)**相等**，记作

$$f = g, \quad \text{a. e.}$$

类似地，我们可以定义**几乎处处连续**、**几乎处处有界**、**几乎处处收敛**，等等。

例如，根据有理数集$\mathbb{Q}$是可数集，而可数集是零测集，可知狄利克雷函数在$\mathbb{R}$上几乎处处等于0：

$$D(x) = 0, \quad \text{a. e.}$$

这里我们再给一个测度为零，但不是可数集的例子。

例 1.4.13(康托尔集) 在区间$[0,1]$中取走中间的三分之一开区间，即取走$G_1 = \left(\frac{1}{3}, \frac{2}{3}\right)$，得到$\left[0, \frac{1}{3}\right] \cup \left[\frac{2}{3}, 1\right]$；然后再取走$\left[0, \frac{1}{3}\right]$及$\left[\frac{2}{3}, 1\right]$中间的 1/3 开区间，即取走

$$G_2 = \left(\frac{1}{3^2}, \frac{2}{3^2}\right) \cup \left(\frac{7}{3^2}, \frac{8}{3^2}\right);$$

类似地，去掉 $G_n\,(n=1,2,\cdots)$，并记

$$C = [0,1] \setminus \bigcup_{n=1}^{\infty} G_n,$$

称 C 为**康托尔**(Cantor)**集**，此集合的性质为：

(1) C 为有界闭集(因为是在$[0,1]$中去掉可数个互不相交的开区间)；

(2) $m(C) = 0\left(\text{因为去掉的区间长度为}\sum_{i=1}^{\infty}\frac{2^{i-1}}{3^i} = 1\right)$；

(3) C 为不可数集(因为 C 中的元素与实数集一一对应)。

4. 可测函数

我们已经研究了实数集中比开、闭区间更一般的集合的性质，下面再来研究比连续函数更一般的函数。

定义 1.4.14 设 f 是可测集 E 上的广义实值函数(它的值可以取$\pm\infty$)，若$\forall a \in \mathbb{R}$，

$$E(f(x)\leqslant a)=\{x\in E: f(x)\leqslant a\}$$

为可测集,则称 f 为 E 上的**可测函数**。

注 定义中的 $E(f(x)\leqslant a)$ 可以换成

$$E(f(x)\geqslant a),\quad E(f(x)>a),\quad E(f(x)<a),\quad E(a\leqslant f(x)<b)$$

中的任意一个,其中 $\forall a,b\in\mathbb{R}$。

例 1.4.15 可测集上的连续函数都是可测函数(证明留作习题)。

例 1.4.16 定义在实数集上的处处不连续、处处极限不存在的狄利克雷函数是可测函数。

证 $\forall a\in\mathbb{R}$,因为

$$\{x\in\mathbb{R}: D(x)\leqslant a\}=\begin{cases}\mathbb{R}, & a\geqslant 1,\\ \mathbb{R}\setminus\mathbb{Q}, & 0\leqslant a<1,\\ \varnothing, & a<0,\end{cases}$$

均为可测集,故 D 为可测函数。 证毕

例 1.4.17 设 $\{f_n\}(n\in\mathbb{Z}^+)$ 是定义在可测集 E 上的可测函数列,若 $\forall x\in E$ 有

$$\lim_{n\to\infty}f_n(x)=f(x),$$

则 f 也是 E 上的可测函数。

5. 勒贝格积分的定义

定义 1.4.18 设 f 是可测集合 $E\subset\mathbb{R}$ 上的可测函数,$m(E)<+\infty$,f 的值域为 $[\alpha,\beta]$。对 $[\alpha,\beta]$ 作分割

$$\Delta: \alpha=y_0<y_1<\cdots<y_n=\beta;$$

设

$$E_k=\{y_{k-1}<f\leqslant y_k\}(k=1,2,\cdots,n),$$

显然 $E=\bigcup\limits_{k=1}^{n}E_k$。作勒贝格大和与勒贝格小和

$$S_{\mathrm{L}}=\sum_{k=1}^{n}y_k m(E_k),\quad s_{\mathrm{L}}=\sum_{k=1}^{n}y_{k-1}m(E_k);$$

若

$$\inf_{\Delta}\{S_{\mathrm{L}}\}=\sup_{\Delta}\{s_{\mathrm{L}}\}=I<+\infty,$$

则称 f 在 E 上勒贝格**可积**(简称 L 可积),记作 $f\in L(E)$;I 称为 f 在 E 上的勒贝格**积分**,记作 $I=\int_E f(x)\mathrm{d}x$。当 $E=[a,b]$ 时,可将 f 的勒贝格积分记为 $\int_a^b f(x)\mathrm{d}x$。

注 从定义看，因为勒贝格积分分割的是值域，所以在一些情况下避免了黎曼积分大小和不能趋同的毛病，使得许多不是黎曼可积的函数可以进行勒贝格积分，从而扩大了可积函数类。比如，下面的例子表明，即使函数的性质不好，但只要性质不好的地方的测度为零，那么此函数还是 L 可积的。

例 1.4.19 狄利克雷函数 D 在任一区间 $E\subset\mathbb{R}$ 上是 L 可积的。

证 因为函数值域为[0,1]，对[0,1]的任一分割

$$\Delta: 0<y_1<\cdots<y_{n-1}<y_n=1,$$

得到 E 的一个分割

$$\begin{aligned}
&E_1=\{0\leqslant D(x)\leqslant y_1\}\subset E\cap\mathbb{R},\\
&E_2=\{y_1<D(x)\leqslant y_2\}=\varnothing,\\
&\quad\vdots\\
&E_{n-1}=\{y_{n-1}<D(x)\leqslant y_{n-1}\}=\varnothing,\\
&E_n=\{y_{n-1}<D(x)\leqslant y_n\}\subset E\cap\mathbb{R},
\end{aligned}$$

根据 $m(E_1)=m(E)$ 及 $m(E_n)=0(n=2,3,\cdots,n)$，其勒贝格大和

$$S_{\mathrm{L}}=y_1\times m(E_1)+1\times m(E_n)=y_1m(E)。$$

又当分割点越来越多时，y_1 趋近于零，所以

$$\inf_{\Delta}\{S_{\mathrm{L}}\}=0;$$

显然勒贝格小和 $s_{\mathrm{L}}=0$，即 $\sup\limits_{\Delta}\{s_{\mathrm{L}}\}=0$。从而得到函数 $D(x)$ 在 E 上勒贝格可积，且

$$\int_E D(x)\mathrm{d}x=0。$$

证毕

注 简单地看，狄利克雷函数 $D(x)$ 的积分可以这样理解：

$$\int_E D(x)\mathrm{d}x=1\times m(E\cap\mathbb{Q})+0\times m(E\setminus\mathbb{Q})=1\times 0+0\times m(E)=0。$$

下面我们给出更一般的勒贝格积分定义。

例 1.4.20 设 f 为可测集 E 上的可测函数(取值可能是 $\pm\infty$)。

(1) 假设 f 非负，$m(E)<+\infty$。令

$$f_n(x)=\min\{f(x),n\},$$

则 $\{f_n\}$ 为非负递增的有界可测函数列，且

$$f_n\to f。$$

$\forall n\in\mathbb{Z}^+$，若 $\int_E f_n(x)\mathrm{d}x$ 存在，则定义

$$\int_E f(x)\mathrm{d}x=\lim_{n\to\infty}\int_E f_n(x)\mathrm{d}x。$$

(2) 假设 f 非负,$m(E)=+\infty$。若 $\forall A\subset E, m(A)<+\infty$,并且$\int_A f(x)\mathrm{d}x$ 都存在,则定义

$$\int_E f(x)\mathrm{d}x=\lim_{n\to\infty}\int_{E\cap(-n,n)} f(x)\mathrm{d}x。$$

(3) 假设 f 是一般可测函数。记 f 的正部为

$$f^+=\begin{cases} f, & f\geqslant 0,\\ 0, & f<0,\end{cases}$$

以及 f 的负部为

$$f^-=\begin{cases} -f, & f\leqslant 0,\\ 0, & f>0,\end{cases}$$

则有

$$f=f^+-f^-。$$

若$\int_E f^+(x)\mathrm{d}x$,$\int_E f^-(x)\mathrm{d}x$ 都存在,则定义

$$\int_E f(x)\mathrm{d}x=\int_E f^+(x)\mathrm{d}x-\int_E f^-(x)\mathrm{d}x。$$

注 我们这里的定义只是简单的情况,对于更一般的被积区域和被积函数的勒贝格积分,比如$\mathbb{R}^n$ 上的积分、不定积分、勒贝格积分的牛顿-莱布尼茨(Newten-Leibniz)公式等,读者可参考文献[2]。在后面的章节中,所有积分都是勒贝格积分。

6. 勒贝格积分的性质

下面我们列举几个常用的积分性质,其证明可参考相关的文献,比如文献[2]。

定理 1.4.21 设 f 是集合 E 上的函数,若函数 f 是黎曼可积的,则 f 是勒贝格可积的,并且积分值相同。

定理 1.4.22 设 f 是可测集合 E 上的可测函数,则

$$f\in L(E)\Leftrightarrow |f|\in L(E),$$

并且

$$\left|\int_E f(x)\mathrm{d}x\right|\leqslant\int_E |f(x)|\mathrm{d}x。$$

定义 1.4.23 设 $1\leqslant p<+\infty$,E 为可测集合,记

$$L^p(E)=\left\{f:f\text{ 在 }E\text{ 上可测},\int_E |f(x)|^p\mathrm{d}x<+\infty\right\}$$

为 p **次幂可积函数空间**,通常称为 L^p **空间**。当 $p=1$ 时,我们有

$$L^1(E)=L(E)。$$

注 在此空间中,我们把两个几乎处处相等的函数视为同一个函数而不加以

区别。

定理 1.4.24 设 f 是可测集合 E 上的可测函数,则

$$\int_E |f(x)|\mathrm{d}x=0\Leftrightarrow f(x)=0,\quad \text{a.e. } x\in E。$$

定理 1.4.25(绝对连续性) 设 f 是可测集合 E 上的非负勒贝格可积的函数,则 $\forall\varepsilon>0$,存在 $\delta>0$,对于可测子集 $F\subset E$ 有

$$m(F)<\delta\Rightarrow\int_F f(x)\mathrm{d}x<\varepsilon。$$

定理 1.4.26(法图(Fatou)引理) 设$\{f_n\}$是可测集合 E 上的非负可测函数列,则

$$\int_E \varliminf_{n\to\infty} f_n(x)\mathrm{d}x\leqslant\varliminf_{n\to\infty}\int_E f_n(x)\mathrm{d}x。$$

定理 1.4.27(莱维(Levi)单调收敛定理) 设$\{f_n\}$是可测集 E 上几乎处处非负递增的勒贝格可积的函数列,且

$$\lim_{n\to\infty} f_n(x)=f(x),\quad \text{a.e. } x\in E,$$

则 f 在 E 上几乎处处非负,且

$$\lim_{n\to\infty}\int_E f_n(x)\mathrm{d}x=\int_E f(x)\mathrm{d}x。$$

定理 1.4.28(勒贝格控制收敛定理) 设$\{f_n\}$是可测集合 E 上的勒贝格可积的函数列,若 $\exists F\in L(E)$,使得 $\forall n\in\mathbb{Z}^+$ 有

$$|f_n(x)|\leqslant F(x),\quad \text{a.e.}$$

且 $f_n\to f$,a.e. $x\in E$,则 $f\in L(E)$,且

$$\lim_{n\to\infty}\int_E f_n(x)\mathrm{d}x=\int_E f(x)\mathrm{d}x。$$

例 1.4.29 求极限$\lim\limits_{n\to\infty}\int_0^1 \mathrm{e}^{-nx^2}\mathrm{d}x$。

解 因为

$$|\mathrm{e}^{-nx^2}|\leqslant 1\in L([0,1]),$$

并且 $\mathrm{e}^{-nx^2}\to 0(n\to\infty)$,a.e. $x\in E$,故由勒贝格控制收敛定理得到

$$\lim_{n\to\infty}\int_0^1 \mathrm{e}^{-nx^2}\mathrm{d}x=\int_0^1\lim_{n\to\infty}\mathrm{e}^{-nx^2}\mathrm{d}x=\int_0^1 0\mathrm{d}x=0。$$

1.5 线性空间

在线性代数中,我们学过下面的向量空间。

定义 1.5.1 设 V 是 n 维向量组成的非空集合,若 V 对于向量的加法和数乘

运算封闭,即对任意的$\boldsymbol{\alpha}$,$\boldsymbol{\beta} \in V$,$k \in \mathbb{R}$,都有

$$\boldsymbol{\alpha}+\boldsymbol{\beta} \in V, \quad k\boldsymbol{\alpha} \in V,$$

则称 V 为**向量空间**。

另外,我们还学习了向量空间的基、维数和坐标等概念。例如,$\mathbb{R}^n$ 是一个向量空间,且维数为 n,任何 n 个线性无关的 n 维向量都是$\mathbb{R}^n$ 的一个基。

下面我们把向量空间的定义及性质推广到更一般的集合。

定义 1.5.2 设 X 是一个非空集合,$\mathbb{R}$ 是实数集,在 X 中定义加法运算和数乘运算:

(1) $\forall x, y \in X$,都有唯一的一个元素 $z \in X$ 与之对应,称为 x 与 y 的和,记作

$$z = x + y;$$

(2) $\forall x \in X, k \in \mathbb{R}$,都有唯一的一个元素 $u \in X$ 与之对应,称为 k 与 x 的积,记作

$$u = kx。$$

并且 $\forall x, y, z \in X, \alpha, \beta \in \mathbb{R}$,如果上述的加法与数乘运算满足下列 8 条运算规律:

① $x+y=y+x$;

② $(x+y)+z=x+(y+z)$;

③ 在 X 中存在**零元素**θ(在不引起混淆的情况,可记为 0),使得 $\forall x \in X$ 有

$$\theta + x = x;$$

④ $\forall x \in X$,存在**负元素**$-x \in X$,使得

$$x + (-x) = \theta;$$

⑤ $\forall x \in X, 1 \cdot x = x$;

⑥ $\alpha(\beta x)=(\alpha\beta)x$;

⑦ $(\alpha+\beta)x=\alpha x+\beta x$;

⑧ $\alpha(x+y)=\alpha x+\alpha y$。

那么称 X 为**线性空间**。

定义 1.5.3 设 M 是线性空间 X 的非空子集,若 M 对 X 上的线性运算封闭,即对于任意的 $x, y \in M, \alpha, \beta \in \mathbb{R}$ 都有

$$\alpha x + \beta y \in M, \tag{1.5.1}$$

则称 M 是 X 的**线性子空间**,简称**子空间**。

注 一般情况下,要证明某个集合是线性空间,在定义加法运算和数乘运算后,只需要证明(1.5.1)式成立。

定义 1.5.4 设 X 为线性空间,$x_1, x_2, \cdots, x_n \in X$,若存在不全为零的数

$$a_1, a_2, \cdots, a_n \in \mathbb{R},$$

使得

$$a_1x_1 + a_2x_2 + \cdots + a_nx_n = \theta,$$

则称向量组 $x_1, x_2, \cdots, x_n$ **线性相关**，否则称为**线性无关**。

定义 1.5.5 设 X 为线性空间，$x_1, x_2, \cdots, x_n \in X$，$x \in X$。如果存在 a_1，$a_2, \cdots, a_n \in \mathbb{R}$，使得

$$x = a_1x_1 + a_2x_2 + \cdots + a_nx_n,$$

那么称 x 可由 $x_1, x_2, \cdots, x_n$ **线性表示**。

定义 1.5.6 设 A 是线性空间 X 的非空子集，若 M 是 X 的子空间，$A \subset M$，且对 X 的任一包含 A 的子空间 P，都有

$$M \subset P,$$

则称 M 为由 A **张成的子空间**或 A 的**线性包**，记作 $\mathrm{span}A$。

定理 1.5.7 设 A 是线性空间 X 的非空子集，则

$$\mathrm{span}A = \left\{ \sum_k \alpha_k x_k : \alpha_k \in \mathbb{R}, x_k \in A \right\}。$$

例如，设 $A = \{(1,0), (0,1)\}$，则

$$\mathrm{span}A = \{(a,b) : a, b \in \mathbb{R}\} = \mathbb{R}^2。$$

定义 1.5.8 设 X 为线性空间，若在 X 中存在 n 个线性无关的元素，使得 X 中任一元素可由这 n 个元素线性表示，则称其为 X 的一个**基**，称 n 为 X 的**维数**，记作 $\dim X = n$。若 $\forall n \in \mathbb{Z}^+$，在 X 中存在 n 个线性无关的向量，则称 X 是**无限维**的，记作 $\dim X = +\infty$。

明显地，$\dim \mathbb{R}^n = n$。下面我们列举几个无限维线性空间。

例1.5.9 空间 $l^p = \left\{ (x_1, x_2, \cdots, x_k, \cdots) : \sum_{k=1}^{\infty} |x_k|^p < +\infty \right\} (p > 0)$ 是无限维的线性空间。

证 (1) 对于 l^p 中的任意两个元素

$$x = (x_1, x_2, \cdots, x_k, \cdots), y = (y_1, y_2, \cdots, y_k, \cdots)$$

和任意的 $a \in \mathbb{R}$，定义

$$x + y = (x_1 + y_1, x_2 + y_2, \cdots, x_k + y_k, \cdots),$$
$$ax = (ax_1, ax_2, \cdots, ax_k, \cdots),$$

下面证明这样定义的 $x + y$ 和 ax 仍属于 l^p。事实上，根据

$$\begin{aligned} |x_i + y_i|^p &\leqslant (|x_i| + |y_i|)^p \leqslant [2\max(|x_i|, |y_i|)]^p \\ &= 2^p[\max(|x_i|, |y_i|)]^p \leqslant 2^p(|x_i|^p + |y_i|^p), \end{aligned}$$

所以

$$\sum_{i=1}^{\infty}|x_i+y_i|^p \leqslant 2^p\left(\sum_{i=1}^{\infty}|x_i|^p+\sum_{i=1}^{\infty}|y_i|^p\right)<+\infty,$$

即 $x+y\in l^p$。容易证明 $ax\in l^p$。所以 $l^p(p>0)$按上述加法和数乘运算构成线性空间。

(2) $\forall n\in\mathbb{Z}^+$,我们有

$$e_n=(\underbrace{0,\cdots,0}_{n-1},1,0,\cdots)\in l^p。$$

如果设

$$a_1e_1+a_2e_2+\cdots+a_ne_n=\theta,$$

那么

$$(a_1,a_2,\cdots,a_n,0,\cdots)=(0,0,\cdots,0,0,\cdots),\quad 即\ a_1=a_2=\cdots=a_n=0,$$

从而有$\{e_1,e_2,\cdots,e_n\}$是线性无关的。再由 n 的任意性,知 l^p 是无限维空间。 证毕

注 一般地,如果 X 是由某些实数列所组成的集合,对于 X 中的两个元素

$$x=(x_1,x_2,\cdots,x_k,\cdots),\quad y=(y_1,y_2,\cdots,y_k,\cdots),$$

和任意的 $a\in\mathbb{R}$,定义

$$x+y=(x_1+y_1,x_2+y_2,\cdots,x_k+y_k,\cdots),$$
$$ax=(ax_1,ax_2,\cdots,ax_k,\cdots),$$

若这样定义的 $x+y$ 和 ax 仍属于 X,则 X 按上述加法和数乘运算构成线性空间。若不另作说明,在数列空间中,本书总采取上面定义的加法和数乘运算。

例 1.5.10 集合 $C([a,b])$表示在$[a,b]$上所有连续函数的全体,则 $C([a,b])$是无限维的线性空间。

证 (1) $\forall x(t),y(t)\in C([a,b])$及数 $a\in\mathbb{R}$,定义

$$(x+y)(t)=x(t)+y(t),\quad t\in[a,b],$$
$$(ax)(t)=ax(t),\quad t\in[a,b],$$

则 $x+y$ 和 ax 都是$C([a,b])$中的连续函数,所以 $C([a,b])$按上述加法和数乘运算构成线性空间。

(2) $\forall n\in\mathbb{Z}^+$ 及 $\forall x(t)\in C([a,b])$,假设

$$a_1+a_2x+a_3x^2+\cdots+a_nx^{n-1}=\theta,$$

得到 $a_1=a_2=\cdots=a_n=0$,故

$$\{1,x,x^2,\cdots,x^{n-1}\}\subset C([a,b])$$

是线性无关的。再由 n 的任意性,知 $C([a,b])$是无限维的空间。 证毕

注 一般地,设 E 为一集合,F 表示 E 上某些函数所成的函数族,在 F 中按通常方法规定加法和数乘运算如下:对任意的 $f,g\in F$ 及 $a\in\mathbb{R}$,令

$$(f+g)(t)=f(t)+g(t),$$

$$(af)(t)=af(t),$$

如果按这样定义的 $f+g$ 和 af 仍属于 F，那么 F 按上述加法和数乘运算构成线性空间。此后若不另作说明，对函数空间总是采取上述的加法和数乘运算。

例 1.5.11 证明 p 次幂可积函数空间

$$L^p([a,b])=\left\{f(x):\int_a^b |f(x)|^p\mathrm{d}x<+\infty\right\},\quad 1\leqslant p<+\infty$$

是无限维的线性空间。

证 (1) $\forall x,y\in L^p([a,b])$ 以及 $\forall a\in\mathbb{R}$，定义

$$(x+y)(t)=x(t)+y(t),$$
$$(ax)(t)=ax(t),$$

根据

$$|x+y|^p\leqslant 2^p(|x|^p+|y|^p),$$

得到

$$\int_a^b |x(t)+y(t)|^p\mathrm{d}t\leqslant 2^p\int_a^b(|x(t)|^p+|y(t)|^p)\mathrm{d}t$$
$$\leqslant 2^p\left(\int_a^b |x(t)|^p\mathrm{d}t+\int_a^b |y(t)|^p\mathrm{d}t\right)<+\infty,$$

故 $x+y\in L^p([a,b])$，另外 $ax\in L^p([a,b])$ 显然，所以 $L^p([a,b])$ 是线性空间。

(2) 因为 $\{1,x,x^2,\cdots,x^{n-1}\}\subset L^p([a,b])$ 是线性无关的，所以由 n 的任意性，得到空间 $L^p([a,b])$ 是无限维的空间。 证毕

1.6 映射与算子

1. 线性算子

在本节中，我们把高等数学中函数的定义推广到更一般的算子。

定义 1.6.1 设 X,Y 是两个非空集合，如果 $\forall x\in X$，按照某一法则 T，在 Y 中有唯一的 y 与之对应，那么我们称 T 是 X 到 Y 的一个**算子**(或者**映射**)，记作

$$T:X\to Y,$$

此时 X 称为 T 的**定义域**，记作 $D(T)$，y 称为 x 在映射 T 下的**像**，并称

$$R(T)=\{T(x):x\in X\}$$

为 T 的**值域**。

注 根据集合 X,Y 的不同情形，算子在不同的数学分支中有不同的名称：

(1) 若 $Y=X$ 时，则称 T 为**变换**；

(2) 若 $Y=X=\mathbb{R}$ 时，则称 T 为**函数**；

(3) 若 $Y=\mathbb{R}$ 时，则称 T 为**泛函**。

定义 1.6.2 假设 T 是集合 X 到 Y 的一个算子，如果对于任意的 $x,y\in X$ 及 $a,b\in\mathbb{R}$ 有

$$T(ax+by)=aT(x)+bT(y),$$

那么称 T 是 X 到 Y 的**线性算子**。

例 1.6.3 假设算子 $T:X\to X$ 满足

$$Tx=ax,\quad a\in\mathbb{R},\quad \forall x\in X,$$

则称 T 为 X 上的**纯量算子**，显然纯量算子为线性算子；特别地，当 $a=1$ 时，称 T 为**单位算子**(或者**恒等算子**)，记为 I_X 或者 I；当 $a=0$ 时，称 T 为**零算子**，记为 θ。

例 1.6.4 在空间$\mathbb{R}^n$ 中取一组基$\{\boldsymbol{e}_1,\boldsymbol{e}_2,\cdots,\boldsymbol{e}_n\}$，则对任意的 $\boldsymbol{x}\in\mathbb{R}^n$，$\boldsymbol{x}$ 可以唯一地表示成 $\boldsymbol{x}=\sum\limits_{i=1}^{n}x_i\boldsymbol{e}_i$，对每一个 n 阶方阵 $\mathbf{A}=(a_{ij})$，作$\mathbb{R}^n$ 到$\mathbb{R}^n$ 中的算子 T 如下：

$$T\boldsymbol{x}=\sum_{i=1}^{n}y_i\boldsymbol{e}_i,$$

其中 $y_i=\sum\limits_{j=1}^{n}a_{ij}x_j\,(i=1,2,\cdots,n)$。易证 T 是线性算子，并称 T 是由矩阵$\mathbf{A}=(a_{ij})$ 所确定的算子。这个算子在线性代数中也称为线性变换。

例 1.6.5 $\forall x\in C([a,b])$，定义

$$(Tx)(t)=[T(x)](t)=\int_a^t x(\tau)\mathrm{d}\tau,\quad t\in[a,b]。$$

由积分的性质可知$(Tx)(t)$仍然是关于 $t\in[a,b]$的连续函数，所以算子 T 是 $C([a,b])$到 $C([a,b])$的线性算子。

注 若$\forall x\in C([a,b])$定义

$$(Tx)(t)=\int_a^t |x(\tau)|^p\mathrm{d}\tau,\quad 1\leqslant p<+\infty,$$

则此算子为非线性算子。

例 1.6.6 $\forall x\in C([a,b])$，因为积分

$$f(x)=\int_a^b x(t)\mathrm{d}t$$

的取值是实数，所以 $f(x)$就是定义域 $C([a,b])$上的一个线性泛函。

注 需要注意的是，以往函数的定义域与值域都属于实数集，而算子或者泛函的定义域是函数集合。因此这里的"泛函"可以理解为"更广泛的函数"。

2. 满射与单射

定义 1.6.7 对算子 $T:X\to Y$，若 T 的值域

$$R(T)=Y,$$

则称 T 是 X 到 Y 上的**满射**；若 $\forall x_1,x_2\in X$ 满足

$$x_1\neq x_2\Rightarrow T(x_1)\neq T(x_2),$$

则称 T 是 X 到 Y 上的**单射**。若 T 既是单射又是满射，则称 T 是 X 到 Y 上的**双射**（或者**一一对应**、**一一映射**）。

例 1.6.8 对于纯量算子 $T:X\to X$，

$$Tx=ax,\quad a\in\mathbb{R},\quad \forall x\in X,$$

若实数 $a\neq 0$，则 T 是 X 到自身的双射。

例 1.6.9 设 $T:X\to Y$ 是一个线性算子，$\ker(T)=\{x\in X: Tx=\theta\}$ 称为 T 的核空间。证明：T 是单射的充分必要条件是

$$\ker(T)=\{\theta\}。$$

证 必要性：根据 T 是线性算子有

$$T(\theta)=T(\theta+\theta)=2T(\theta),$$

得到 $T(\theta)=\theta$。

$\forall x\in\ker(T)$，则有 $T(x)=\theta$，由 T 是单射，知 $x=\theta$，从而有 $\ker(T)=\{\theta\}$。

充分性：设有 $x,y\in X$ 使得 $Tx=Ty$，则由

$$T(x-y)=Tx-Ty=\theta,$$

以及 $\ker(T)=\{\theta\}$，得 $x-y=\theta$，即 $x=y$，所以 T 是单射。 证毕

3. 复合算子与逆算子

定义 1.6.10 对于映射 $f:X\to Y$，$g:Y\to Z$，由

$$h(x)=g[f(x)]$$

所确定的映射 $h:X\to Z$ 称为 f 与 g 的**复合映射**，记作 $g\circ f$。

定义 1.6.11 对于映射 $f:X\to Y$，若存在 $g:Y\to X$，使得

$$g\circ f=I_X,\quad f\circ g=I_Y,$$

则称 f 是**可逆的**，且 g 为 f 的**逆算子**，记作 $g=f^{-1}$。

例 1.6.12 假设算子 $f:X\to Y$ 与 $g:Y\to X$ 都是可逆的，则

$$(g\circ f)^{-1}(X)=f^{-1}(g^{-1}(X))。$$

证 由关系式

$$\begin{aligned}x\in(g\circ f)^{-1}(X)&\Leftrightarrow g[f(x)]\in X\\&\Leftrightarrow f(x)\in g^{-1}(X)\\&\Leftrightarrow x\in f^{-1}(g^{-1}(X)),\end{aligned}$$

得到 $(g\circ f)^{-1}(X)=f^{-1}(g^{-1}(X))$。 证毕

4. 连续算子

定义 1.6.13 设 X,Y 是两个非空集合，$T:X\to Y$ 是一个算子。如果存在

$\{x_n\}\subset X$ 及 $x_0\in X$ 使得

$$x_n \to x_0 \Rightarrow T(x_n) \to T(x_0)(n\to\infty),$$

那么称算子 T 为**连续算子**。

下面我们在空间 $X=Y=\mathbb{R}$ 中用 ε-δ 符号重写这个定义。如果 $\forall\varepsilon>0$，$\exists\delta>0$，使得

$$|x-x_0|<\delta\Rightarrow |T(x)\to T(x_0)|<\varepsilon,$$

那么我们称算子 T 为连续算子。

定义 1.6.14 设 A 与 B 是两个非空集合，称集合

$$A\times B=\{(x,y):x\in A,y\in B\}$$

为 A 与 B 的**直积集**。

这里我们可以用向量来理解直积集。比如，若 $(x_1,y_1),(x_2,y_2)\in A\times B$，则

$$(x_1,y_1)=(x_2,y_2)\Leftrightarrow x_1=x_2,y_1=y_2。$$

另外，我们所熟知的二维空间 $\mathbb{R}^2$ 就是实数集 $\mathbb{R}$ 与 $\mathbb{R}$ 的直积集。

定义 1.6.15 设 X,Y,Z 是三个非空集合，如果 $\forall x\in X,y\in Y$，按照某一法则 T，在 Z 中有唯一的 z 与之对应，那么我们称 T 是 $X\times Y$ 到 Z 的一个**二元算子**，记作

$$T:X\times Y\to Z,$$

此时直积集 $X\times Y$ 称为 T 的**定义域**。

例 1.6.16 设任意的 $x,y\in\mathbb{R}$，定义算子

$$d:\mathbb{R}\times\mathbb{R}\to\mathbb{R},$$

为

$$d(x,y)=|x-y|,$$

则二元算子 d 为两个变元的连续算子。

证 设 $\{x_n\},\{y_n\}\subset\mathbb{R}$ 及 $x_0,y_0\in\mathbb{R}$ 使得当 $n\to\infty$ 时

$$|x_n-x_0|\to 0,\quad |y_n-y_0|\to 0;$$

由绝对值的三角不等式得到

$$d(x_n,y_n)=|x_n-y_n|\leqslant|x_n-x_0|+|x_0-y_0|+|y_0-y_n|,$$

即

$$d(x_n,y_n)-d(x_0,y_0)\leqslant|x_n-x_0|+|y_n-y_0|。$$

类似地，有

$$d(x_0,y_0)=|x_0-y_0|\leqslant|x_0-x_n|+|x_n-y_n|+|y_n-y_0|,$$

得到

$$d(x_0,y_0)-d(x_n,y_n)\leqslant|x_n-x_0|+|y_n-y_0|。$$

所以我们有

$$|d(x_n,y_n)-d(x_0,y_0)|\leqslant|x_n-x_0|+|y_n-y_0|\to 0,$$

故算子 d 为两个变元的连续算子。 证毕

作为练习,读者也可使用 ε-δ 符号重写这个证明。

1.7 常用不等式

定理 1.7.1(级数形式的赫尔德(Hölder)不等式) 设

$$p>1,\quad \frac{1}{p}+\frac{1}{q}=1,$$

则

$$\sum_{k=1}^{\infty}|x_k y_k|\leqslant\left(\sum_{k=1}^{\infty}|x_k|^p\right)^{1/p}\left(\sum_{k=1}^{\infty}|y_k|^q\right)^{1/q}。$$

定理 1.7.2(积分形式的赫尔德不等式) 设

$$p>1,\quad \frac{1}{p}+\frac{1}{q}=1,$$

则

$$\int_a^b|x(t)y(t)|\,\mathrm{d}t\leqslant\left(\int_a^b|x(t)|^p\,\mathrm{d}t\right)^{1/p}\left(\int_a^b|y(t)|^q\,\mathrm{d}t\right)^{1/q}。$$

定理 1.7.3(级数形式的闵科夫斯基(Minkowski)不等式) 设 $p\geqslant 1$,则

$$\left(\sum_{k=1}^{\infty}|x_k+y_k|^p\right)^{\frac{1}{p}}\leqslant\left(\sum_{k=1}^{\infty}|x_k|^p\right)^{\frac{1}{p}}+\left(\sum_{k=1}^{\infty}|y_k|^p\right)^{\frac{1}{p}}。$$

定理 1.7.4(积分形式的闵科夫斯基不等式) 设 $p\geqslant 1$,则

$$\left(\int_a^b|x(t)+y(t)|^p\,\mathrm{d}t\right)^{1/p}\leqslant\left(\int_a^b|x(t)|^p\,\mathrm{d}t\right)^{1/p}+\left(\int_a^b|y(t)|^p\,\mathrm{d}t\right)^{1/p}。$$

注 相关的证明可参考文献[2,7]等。

习题 1

1. 设实数列 $x=\{x_k\}_{k=1}^{\infty}$,$y=\{y_k\}_{k=1}^{\infty}$ 与 $z=\{z_k\}_{k=1}^{\infty}$ 为集合

$$X=\{(x_1,x_2,\cdots,x_n,\cdots):\sup_{n\in\mathbf{Z}^+}|x_n|<+\infty\}$$

中的元素,证明:

$$\sup_{k\in\mathbf{Z}^+}|x_k-y_k|\leqslant\sup_{k\in\mathbf{Z}^+}|x_k-z_k|+\sup_{k\in\mathbf{Z}^+}|z_k-y_k|。$$

2. 在实数集中,若数列收敛,则极限唯一。

3. 在实数集中,若数列收敛,则数列有界。

4. 设函数 f 定义在$\mathbb{R}$上，且存在常数 $M>0$ 使得

$$|f'(x)|\leqslant M,\quad \forall x\in\mathbb{R},$$

证明函数 f 在$\mathbb{R}$上一致连续。

5. 设$\{f_n\}$是$[a,b]$上的连续函数列，且在$[a,b]$上一致收敛于 f，则 f 在$[a,b]$上可积并且

$$\lim_{n\to\infty}\int_a^b f_n(x)\mathrm{d}x=\int_a^b\lim_{n\to\infty}f_n(x)\mathrm{d}x=\int_a^b f(x)\mathrm{d}x。$$

6. 证明函数列 $f_n(x)=\dfrac{x}{1+n^2x^2}$在$[0,1]$上一致收敛到函数 $f(x)=0$，并求

$$\lim_{n\to\infty}\int_0^1 f_n(x)\mathrm{d}x。$$

7. 利用勒贝格控制收敛定理求$\lim\limits_{n\to\infty}\displaystyle\int_0^1\frac{nx}{1+n^2x^2}\mathrm{d}x$。

8. 可测集上的连续函数都是可测函数。

9. 设 $C^1([a,b])$为区间$[a,b]$上连续且一阶导数也连续的函数所构成的集合，定义算子 $T:C([a,b])\to C^1([a,b])$为

$$(Tx)(t)=\int_a^t x(s)\mathrm{d}s,\quad \forall x\in C([a,b])。$$

证明：(1)T 是线性算子；(2)T 是单射；(3)T 不是满射。

10. 证明级数形式的闵科夫斯基不等式：设 $p\geqslant 1$，则

$$\left(\sum_{k=1}^{\infty}|x_k+y_k|^p\right)^{\frac{1}{p}}\leqslant\left(\sum_{k=1}^{\infty}|x_k|^p\right)^{\frac{1}{p}}+\left(\sum_{k=1}^{\infty}|y_k|^p\right)^{\frac{1}{p}}。$$

第2章

距离空间

2.1 距离空间的定义

对于任意的 $x,y\in\mathbb{R}$，在第1章中定义了两个数之间的距离：

$$d(x,y)=|x-y|。$$

类似地，将在一般的集合上建立抽象的距离概念。

定义 2.1.1 设 X 是一个非空集合，如果存在一个算子

$$d:X\times X\to\mathbb{R},$$

使得对任意的元素 $x,y,z\in X$，下面的性质成立：

(1) 正定性

$$d(x,y)\geqslant 0,\quad d(x,y)=0\Leftrightarrow x=y,$$

(2) 对称性

$$d(x,y)=d(y,x),$$

(3) 三角不等式

$$d(x,y)\leqslant d(x,z)+d(z,y),$$

那么称算子 $d(x,y)$ 为 x,y 的**距离**(或者**度量**)；并称 X 为以 d 为距离的**距离空间**(或者**度量空间**)，记为 (X,d)。空间 X 中的元素也称为 X 中的点。

此定义是一个很抽象的概念，在不同的应用中会有各自不同的形式。下面我们列举几个常见的距离空间。

例 2.1.2 $\forall\,\boldsymbol{x}=(x_1,x_2,\cdots,x_n),\boldsymbol{y}=(y_1,y_2,\cdots,y_n)\in\mathbb{R}^n$，定义

$$d(\boldsymbol{x},\boldsymbol{y})=\left(\sum_{k=1}^{n}|x_k-y_k|^2\right)^{\frac{1}{2}},$$

则 $(\mathbb{R}^n,d)$ 为距离空间，也称为 n 维**欧几里得**(Euclid)**空间**。

证 (1) 正定性：显然 $d(\boldsymbol{x},\boldsymbol{y})\geqslant 0$，且

$$d(\boldsymbol{x},\boldsymbol{y})=0\Leftrightarrow x_k=y_k(k=1,2,\cdots,n)\Leftrightarrow \boldsymbol{x}=\boldsymbol{y};$$

(2) 对称性：$d(\boldsymbol{x},\boldsymbol{y})=d(\boldsymbol{y},\boldsymbol{x})$，显然；

(3) 三角不等式：$\forall \boldsymbol{z}=(z_1,z_2,\cdots,z_n)\in\mathbb{R}^n$，由闵科夫斯基不等式有

$$\begin{aligned}d(\boldsymbol{x},\boldsymbol{y})&=\left(\sum_{k=1}^{n}|x_k-y_k|^2\right)^{\frac{1}{2}}\leqslant\left(\sum_{k=1}^{n}(|x_k-z_k|+|z_k-y_k|)^2\right)^{\frac{1}{2}}\\&\leqslant\left(\sum_{k=1}^{n}|x_k-z_k|^2\right)^{\frac{1}{2}}+\left(\sum_{k=1}^{n}|z_k-y_k|^2\right)^{\frac{1}{2}}\\&=d(\boldsymbol{x},\boldsymbol{z})+d(\boldsymbol{z},\boldsymbol{y}),\end{aligned}$$

故三角不等式成立，所以 $(\mathbb{R}^n,d)$ 为距离空间。 证毕

例 2.1.3 对于 $1\leqslant p<+\infty$，设 $x=\{x_k\}_{k=1}^{\infty}$，$y=\{y_k\}_{k=1}^{\infty}$ 属于集合

$$l^p=\left\{(x_1,x_2,\cdots,x_k,\cdots):\sum_{k=1}^{\infty}|x_k|^p<+\infty\right\}。$$

定义

$$d(x,y)=\left(\sum_{k=1}^{\infty}|x_k-y_k|^p\right)^{\frac{1}{p}},$$

利用闵科夫斯基不等式可以证明 (l^p,d) 为距离空间。

例 2.1.4 设 $x=\{x_k\}_{k=1}^{\infty}$，$y=\{y_k\}_{k=1}^{\infty}$ 属于集合

$$l^{\infty}=\{(x_1,x_2,\cdots,x_k,\cdots):\sup_{k\in\mathbf{Z}^+}|x_k|<+\infty\}。$$

定义

$$d(x,y)=\sup_{k\in\mathbf{Z}^+}|x_k-y_k|,$$

则 (l^{∞},d) 为距离空间，也称为**有界数列空间**。

证 (1) 正定性：明显的 $d(x,y)\geqslant 0$。又因为

$$\begin{aligned}d(x,y)=0&\Leftrightarrow\sup_{k\in\mathbf{Z}^+}|x_k-y_k|=0\\&\Leftrightarrow|x_k-y_k|=0(\forall k\in\mathbb{Z}^+)\\&\Leftrightarrow x_k=y_k(\forall k\in\mathbb{Z}^+)\\&\Leftrightarrow x=y,\end{aligned}$$

所以正定性成立。

(2) 对称性显然。

(3) 下面证明三角不等式。设 l^{∞} 中任意的三个元素 $x=\{x_k\}_{k=1}^{\infty}$，$y=\{y_k\}_{k=1}^{\infty}$ 与 $z=\{z_k\}_{k=1}^{\infty}$，对于任意的 $k\in\mathbb{Z}^+$ 我们有

$$|x_k-y_k|\leqslant|x_k-z_k|+|z_k-y_k|$$

$$\leqslant \sup_{k\in\mathbf{Z}^+} |x_k - z_k| + \sup_{k\in\mathbf{Z}^+} |z_k - y_k|。$$

再根据上式中 k 的任意性得到

$$\sup_{k\in\mathbf{Z}^+} |x_k - y_k| \leqslant \sup_{k\in\mathbf{Z}^+} |x_k - z_k| + \sup_{k\in\mathbf{Z}^+} |z_k - y_k|,$$

即三角不等式 $d(x,y)\leqslant d(x,z)+d(z,y)$ 成立。所以 (l^∞,d) 为距离空间。证毕

例 2.1.5 对于任意的实数列 $x=\{x_k\}_{k=1}^\infty$ 与 $y=\{y_k\}_{k=1}^\infty$，设

$$d(x,y)=\sum_{k=1}^\infty \frac{1}{2^k}\frac{|x_k-y_k|}{1+|x_k-y_k|},$$

证明 d 为距离(此空间称为**序列空间**)。

证 首先

$$\sum_{k=1}^\infty \frac{1}{2^k}\frac{|x_k-y_k|}{1+|x_k-y_k|}\leqslant \sum_{k=1}^\infty \frac{1}{2^k}。$$

因为上式后面的级数收敛，所以 $d(x,y)<+\infty$ 有意义。

(1) 明显的 $d(x,y)\geqslant 0$，并且

$$d(x,y)=0 \Leftrightarrow x_k=y_k(\forall k\in\mathbb{Z}^+) \Leftrightarrow x=y;$$

(2) $d(x,y)=d(y,x)$ 显然；

(3) 设 $f(t)=\dfrac{t}{1+t}\ (0\leqslant t<+\infty)$。因为 $f'(t)=\dfrac{1}{(1+t)^2}>0$，所以函数 $f(t)$ 在 $[0,+\infty)$ 上单调递增。$\forall a,b\in\mathbb{R}$，因为 $|a+b|\leqslant|a|+|b|$，所以有

$$\frac{|a+b|}{1+|a+b|}\leqslant\frac{|a|+|b|}{1+|a|+|b|}=\frac{|a|}{1+|a|+|b|}+\frac{|b|}{1+|a|+|b|}$$
$$\leqslant\frac{|a|}{1+|a|}+\frac{|b|}{1+|b|}。$$

再令 $z=\{z_k\}_{k=1}^\infty$，$a=x_k-z_k$，$b=z_k-y_k$，则 $a+b=x_k-y_k$。由上式得

$$\frac{|x_k-y_k|}{1+|x_k-y_k|}\leqslant\frac{|x_k-z_k|}{1+|x_k-z_k|}+\frac{|z_k-y_k|}{1+|z_k-y_k|},\quad \forall k\in\mathbb{Z}^+,$$

所以我们推出

$$\sum_{k=1}^\infty \frac{1}{2^k}\frac{|x_k-y_k|}{1+|x_k-y_k|}\leqslant\sum_{k=1}^\infty \frac{1}{2^k}\frac{|x_k-z_k|}{1+|x_k-z_k|}+\sum_{k=1}^\infty \frac{1}{2^k}\frac{|z_k-y_k|}{1+|z_k-y_k|},$$

即有 $d(x,y)\leqslant d(x,z)+d(z,y)$。所以 $d(x,y)$ 为距离。 证毕

例 2.1.6 $\forall x,y\in C([a,b])$，定义

$$d(x,y)=\max_{t\in[a,b]}|x(t)-y(t)|,$$

则 $(C([a,b]),d)$ 为距离空间。

例 2.1.7(*p* 次幂可积函数空间) 对于 $1\leqslant p<+\infty$，设

$$L^p([a,b])=\left\{x(t):\int_a^b |x(t)|^p \mathrm{d}x<+\infty\right\},$$

$\forall x,y\in L^p([a,b])$，定义

$$d(x,y)=\left(\int_a^b |x(t)-y(t)|^p \mathrm{d}t\right)^{\frac{1}{p}},$$

则$(L^p([a,b]),d)$是一个距离空间。

证 (1) 正定性：因为$d(x,y)\geqslant 0$，并且

$$d(x,y)=\left(\int_a^b |x(t)-y(t)|^p \mathrm{d}t\right)^{\frac{1}{p}}=0\Leftrightarrow x=y,\text{a. e.}$$

所以当我们把$L^p([a,b])$中几乎处处相等的函数看作同一个函数时，d满足正定性；

(2) 对称性显然；

(3) 三角不等式：$\forall x,y,z\in L^p([a,b])$，由积分形式的闵科夫斯基不等式得到

$$\begin{aligned}d(x,y)&=\left(\int_a^b |x(t)-y(t)|^p \mathrm{d}t\right)^{\frac{1}{p}}\\&=\left(\int_a^b |x(t)-z(t)+z(t)-y(t)|^p \mathrm{d}t\right)^{\frac{1}{p}}\\&\leqslant\left(\int_a^b |x(t)-z(t)|^p \mathrm{d}t\right)^{\frac{1}{p}}+\left(\int_a^b |z(t)-y(t)|^p \mathrm{d}t\right)^{\frac{1}{p}}\\&=d(x,z)+d(z,y),\end{aligned}$$

所以三角不等式成立。 证毕

注 对于$1\leqslant p<q<+\infty$，空间的包含关系如下：

$$l^p\subset l^q\subset l^{+\infty},$$

$$C([a,b])\subset L^q([a,b])\subset L^p([a,b])\subset L^1([a,b]),$$

并且包含关系是严格的。例如，设$x=(1,2^{-1/p},3^{-1/p},\cdots,n^{-1/p},\cdots)$，因为$\frac{q}{p}>1$，故$\sum\limits_{n=1}^{\infty}n^{-q/p}$收敛，所以$x\in l^q$；但是级数$\sum\limits_{n=1}^{\infty}n^{-1}$发散，因而$x\notin l^p$。

注 下面再举一个$L^q([a,b])\subset L^p([a,b])$的反例[3]：在$n$维单位球$B=B_1(0)$中，$|\boldsymbol{x}|^{-\alpha}\in L^q(B)$的充要条件是$\alpha<\frac{n}{q}$，所以$|\boldsymbol{x}|^{-(n/q)}\notin L^q(B)$；但由$p<q$推出$|\boldsymbol{x}|^{-(n/q)}\in L^p(B)$。因此，我们可以认为$L^q(B)$中的函数比$L^p(B)$中的函数有较高的光滑性。

注 除非特殊的说明，以后遇到上面的空间，我们都使用例子中的距离。

2.2 距离空间中的收敛与连续

1. 距离空间中的收敛

下面我们把实数集中的收敛推广到距离空间。

定义 2.2.1 设(X,d)为距离空间,$\{x_n\}$是空间 X 中的一个点列。若存在$x_0\in X$ 使得

$$\lim_{n\to\infty}d(x_n,x_0)=0,$$

则称点列$\{x_n\}$收敛于 x_0,记作$\lim\limits_{n\to\infty}x_n=x_0$,或者 $x_n\to x_0(n\to\infty)$。

距离空间中的收敛定义可重写如下:$\forall\varepsilon>0,\exists N\in\mathbb{Z}^+$,当 $n>N$ 时有

$$d(x_n,x_0)<\varepsilon。$$

类似于实数集中的收敛,可以得到距离空间中收敛点列的极限也是唯一的。

例 2.2.2 距离空间中收敛点列的极限唯一。

证 设$\{x_n\}$是距离空间(X,d)中的一个收敛点列。假设其极限不唯一,即存在 $x,y\in X$,使得 $x_n\to x$ 及 $x_n\to y(n\to\infty)$,则由距离的定义有

$$0\leqslant d(x,y)\leqslant d(x,x_n)+d(x_n,y)\to 0,$$

得到 $d(x,y)=0$,故 $x=y$。 证毕

下面我们讨论一些具体空间中点列收敛的具体形式。

例 2.2.3 在$\mathbb{R}^n$ 中,点列依距离收敛等价于依坐标收敛。

证 设距离空间$\mathbb{R}^n$ 中的点列

$$\boldsymbol{x}^{(k)}=(x_1^{(k)},x_2^{(k)},\cdots,x_n^{(k)})$$

及一点 $\boldsymbol{x}=(x_1,x_2,\cdots,x_n)$。当 $k\to\infty$时,有

$$\begin{aligned} d(\boldsymbol{x}^{(k)},\boldsymbol{x}) &=\left(\sum_{i=1}^{n}|x_i^{(k)}-x_i|^2\right)^{\frac{1}{2}}\to 0 \\ &\Leftrightarrow x_i^{(k)}\to x_i(i=1,2,\cdots,n) \\ &\Leftrightarrow \boldsymbol{x}^{(k)}\to \boldsymbol{x}, \end{aligned}$$

故$\mathbb{R}^n$ 空间中点列的收敛等价于依坐标收敛。 证毕

例 2.2.4 在空间 $C([a,b])$中点列的收敛等价于函数列的一致收敛。

证 设在空间 $C([a,b])$中 $f_n(x)\to f(x)(n\to\infty)$,即有

$$d(f_n,f)=\max_{t\in[a,b]}|f_n(t)-f(t)|\to 0,$$

即$\forall\varepsilon>0,\exists N\in\mathbb{Z}^+$使得当 $n>N$ 时有

$$\max_{t\in[a,b]}|f_n(t)-f(t)|<\varepsilon。$$

由最大值的性质，$\forall t\in[a,b]$，只要 $n>N$，就有

$$|f_n(t)-f(t)|<\varepsilon,$$

所以$\{f_n(x)\}$一致收敛于 $f(x)$。 证毕

例 2.2.5 设

$$x_m=(x_1^{(m)},x_2^{(m)},\cdots,x_n^{(m)},\cdots)(m=1,2,\cdots) \text{ 及 } y=(y_1,y_2,\cdots,y_n,\cdots)$$

分别表示序列空间中的点列及点，证明点列$\{x_m\}$收敛于 y 的充要条件为$\{x_m\}$依坐标收敛于 y，即对每个正整数 i，$x_i^{(m)}\to y_i(m\to\infty)$成立。

证 必要性：如果 $x_m\to y(m\to\infty)$，即

$$d(x_m,y)=\sum_{i=1}^{\infty}\frac{1}{2^i}\frac{|x_i^{(m)}-y_i|}{1+|x_i^{(m)}-y_i|}\to 0\quad(m\to\infty),$$

那么对于任何正整数 i，因为

$$\frac{|x_i^{(m)}-y_i|}{1+|x_i^{(m)}-y_i|}\leqslant 2^i d(x_m,y)\to 0,$$

所以$\forall\varepsilon>0$，$\exists N\in\mathbb{Z}^+$ 使得当 $m>N$ 时有

$$\frac{|x_i^{(m)}-y_i|}{1+|x_i^{(m)}-y_i|}<\frac{\varepsilon}{1+\varepsilon}。$$

根据 $f(t)=\frac{1}{1+t}(0\leqslant t<+\infty)$单调递增，可得$|x_i^{(m)}-y_i|<\varepsilon$，即对每个 $i=1,2,\cdots$，当 $m\to\infty$时，$x_i^{(m)}\to y_i$。

充分性：设对每个 $i=1,2,\cdots$，$x_i^{(m)}\to y_i(m\to\infty)$。因为级数$\sum_{i=1}^{\infty}\frac{1}{2^i}$收敛，所以 $\forall\varepsilon>0$，$\exists k\in\mathbb{Z}^+$ 使得

$$\sum_{i=k}^{\infty}\frac{1}{2^i}\frac{|x_i^{(m)}-y_i|}{1+|x_i^{(m)}-y_i|}<\sum_{i=k}^{\infty}\frac{1}{2^i}<\frac{\varepsilon}{2}。$$

另一方面，对每个 $i=1,2,\cdots,k-1$，存在 $N_i\in\mathbb{Z}^+$，当 $m>N_i$ 时，有

$$|x_i^{(m)}-y_i|<\frac{\varepsilon}{2}。$$

令 $M=\max\{N_1,\cdots,N_{k-1}\}$，那么当 $m>M$ 时，有

$$\sum_{i=1}^{k-1}\frac{1}{2^i}\frac{|x_i^{(m)}-y_i|}{1+|x_i^{(m)}-y_i|}<\sum_{i=1}^{k-1}\frac{1}{2^i}\frac{\frac{\varepsilon}{2}}{1+\frac{\varepsilon}{2}}<\frac{\varepsilon}{2}\sum_{i=1}^{k-1}\frac{1}{2^i}<\frac{\varepsilon}{2}。$$

所以，当 $m>M$ 时，有

$$d(x_m,y)=\sum_{i=1}^{k-1}\frac{1}{2^i}\frac{|x_i^{(m)}-y_i|}{1+|x_i^{(m)}-y_i|}+\sum_{i=k}^{\infty}\frac{1}{2^i}\frac{|x_i^{(m)}-y_i|}{1+|x_i^{(m)}-y_i|}<\frac{\varepsilon}{2}+\frac{\varepsilon}{2}=\varepsilon,$$

即 $x_m\to y(m\to\infty)$。 证毕

2. 距离空间中的点集

仿照$\mathbb{R}^n$空间中的邻域、开集、闭集等，我们在一般距离空间中引入开球、闭球、开集与闭集等概念。

定义 2.2.6　设(X,d)为距离空间，对于$x_0\in X$，$r>0$，称

$$B_r(x_0)=\{x\in X:d(x,x_0)<r\}$$

为以x_0为中心，r为半径的**开球**（或x_0的r**邻域**）；称

$$\bar{B}_r(x_0)=\{x\in X:d(x,x_0)\leqslant r\}$$

为以x_0为中心，r为半径的**闭球**。

例 2.2.7　设(x_0,y_0)，(x,y)为$\mathbb{R}^2$中的两个点。

(1) 若使用距离$d((x_0,y_0),(x,y))=\sqrt{(x-x_0)^2+(y-y_0)^2}$，则开球

$$B_r((x_0,y_0))=\{(x,y):\sqrt{(x-x_0)^2+(y-y_0)^2}<r\}$$

的形状为一圆形；

(2) 若使用距离$d((x_0,y_0),(x,y))=\max\{|x-x_0|,|y-y_0|\}$，则闭球

$$\bar{B}_r((x_0,y_0))=\{(x,y):\max\{|x-x_0|,|y-y_0|\}\leqslant r\}$$

的形状为一正方形。

定义 2.2.8　设E为距离空间(X,d)中的子集合，对于$x_0\in E$，若$\exists r>0$，使得

$$B_r(x_0)\subset E,$$

则称x_0为E的**内点**。E的所有内点构成的集合称为E的内部，记作E^0。若$E=E^0$，则称E为X中的**开集**。

定义 2.2.9　设(X,d)为距离空间，$A\subset X$，$x_0\in A$，若$\forall r>0$满足

$$B_r(x_0)\cap(A\backslash\{x_0\})\neq\varnothing,$$

则称x_0为A的**聚点**（或**极限点**）。A的聚点的全体称为A的导集，记作A'。

定义 2.2.10　设(X,d)为距离空间，$A\subset X$，$x_0\in A$，若$\forall r>0$满足

$$B_r(x_0)\cap A\neq\varnothing,\quad B_r(x_0)\cap(X\backslash A)\neq\varnothing,$$

则称x_0为A的**边界点**。A的边界点的全体称为A的边界，记作∂A。

定义 2.2.11　设(X,d)为距离空间，$A\subset X$，$x_0\in A$，若$\forall r>0$满足

$$B_r(x_0)\cap A\neq\varnothing,$$

则称x_0为A的**触点**。A的触点的全体称为A的闭包，记作$\bar{A}$。

注　由定义可以看出，A的内点、聚点和边界点都是A的触点。

定义 2.2.12　设(X,d)为距离空间，$A\subset X$，若

$$A=\bar{A},$$

则称 A 为 X 中的**闭集**。

下面我们用极限的符号定义闭集。

定理 2.2.13 非空集合 E 为距离空间 (X,d) 的闭集 $\Leftrightarrow$ 任给 $\{x_n\}\subset E$，若 $x_n\to x_0$，则有 $x_0\in E$。

注 要注意的是，一个距离空间，其中存在开球，它是闭集但不是闭球；又存在闭球，它是开集但不是开球(参看文献[6]，p. 6)。

定义 2.2.14 设有距离空间 (X,d)，集合 $E\subset X$，若存在 $x_0\in X$ 及 $r>0$ 使得

$$E\subset B_r(x_0),$$

则称集合 E 为**有界集**。

例 2.2.15 距离空间中收敛点列为有界集。

证 设 (X,d) 为距离空间，$\{x_n\}$ 是空间中的一个点列，且存在 $x_0\in X$，使得

$$\lim_{n\to\infty} d(x_n,x_0)=0,$$

则对于 $\varepsilon=1$，$\exists N\in\mathbb{Z}^+$，当 $n>N$ 时，有 $d(x_n,x_0)<1$；取 $M=\max\limits_{1\leqslant m\leqslant N}\{d(x_m,x_0)\}$，则对于任意的 $n\in\mathbb{Z}^+$ 有

$$d(x_n,x_0)<M+1\overset{\text{def}}{=}r,$$

即 $\{x_n\}\subset B_r(x_0)$，所以 $\{x_n\}$ 是有界集。

另外，根据魏尔斯特拉斯定理：有界实数数列必有收敛子数列；进一步地，在 $\mathbb{R}^n$ 中任一有界集合也必含有收敛子列(请看作业)，但在无穷维空间中这一结论不成立。

例 2.2.16 设 $x_n(t)=t^n$ ($\forall n\in\mathbb{Z}^+$)，求证 $\{x_n\}$ 是 $C([0,1])$ 中的有界集但 $\{x_n\}$ 没有收敛子列。

证 对于 $x_n(t)=t^n$，当 $x_0(t)\equiv 0$ 时有

$$d(x_n,x_0)=\max_{t\in[0,1]}|x_n(t)-x_0(t)|=1<2,$$

所以 $\{x_n(t)\}\subset B_2(\theta)$，故 $\{x_n\}$ 有界。

假设 $\{x_n\}$ 存在收敛子列 $\{x_{n_k}\}$，不妨设 $\lim\limits_{k\to\infty}x_{n_k}=x$，则根据空间 $C([0,1])$ 中点列的收敛等价于函数列的一致收敛，得到 $\{x_{n_k}\}$ 一致收敛于 x，且 $x\in C([0,1])$。

由于

$$x(t)=\lim_{k\to\infty}x_{n_k}(t)=\lim_{k\to\infty}t^{n_k}=\begin{cases}1, & t=1,\\ 0, & 0\leqslant t<1,\end{cases}$$

因而 $x(t)$ 在 $t=1$ 处不连续，这与 $x\in C([0,1])$ 矛盾。所以 $\{x_n\}$ 有界但是没有收敛子列。 证毕

为了讨论无穷维空间中数列的收敛性，我们给出下面列紧集的概念。

定义 2.2.17 设 E 是距离空间 (X,d) 的子集，若 E 中的任一点列都有收敛

子列,则称 E 为**列紧集**;进一步地,若收敛点都在 E 中,则称 E 为**自列紧集**(或者**紧集**)。

注 (1) 此定义的另一个说法是,设 E 是距离空间(X,d)的子集,若$\forall\{x_n\}\subset E$,存在子列 $x_{n_k}\to x_0\in X(n_k\to\infty)$,则称 E 为**列紧集**;若还有 $x_0\in E$,则称 E 为**自列紧集**。

(2) 可以证明,距离空间中的自列紧集必为有界闭集;每个无限维空间中的单位闭球都是不列紧的有界闭集。另外,距离空间为有限维的充要条件是它的任意有界子集都是列紧的(参看文献[6],p. 11)。这些性质是有限维与无限维空间的最本质的区别之一。

下面我们给出连续函数空间上列紧集的充要条件(其证明可参考文献[8],p. 17)。

定理 2.2.18(阿尔泽拉-阿斯科利(Arzela-Ascoli)定理) 在连续函数空间$(C([a,b]),d)$中,其任一子集 E 列紧的充分必要条件是:

(1) E **一致有界**,即$\forall x\in E,t\in[a,b],\exists M>0$ 使得

$$|x(t)|\leqslant M;$$

(2) E **等度连续**,即$\forall\varepsilon>0,\exists\delta=\delta(\varepsilon)>0$,使得$\forall x\in E,t_1,t_2\in[a,b]$有

$$|t_1-t_2|<\delta\Rightarrow|x(t_1)-x(t_2)|<\varepsilon。$$

例 2.2.19 证明集合

$$E=\left\{x_n:x_n(t)=\sin\frac{\pi}{n}t,n\in\mathbb{Z}^+\right\}$$

是$(C([0,1]),d)$中的列紧集。

证 (1) 明显地,$\forall x_n\in E,\forall t\in[0,1]$,有

$$|x_n(t)|\leqslant 1,$$

故 E 是一致有界的;

(2) $\forall\varepsilon>0$,取$\delta=\dfrac{\varepsilon}{\pi}$,则$\forall x_n\in E,t_1,t_2\in[0,1]$,只要$|t_1-t_2|<\delta$,就有

$$\begin{aligned}|x_n(t_1)-x_n(t_2)|&=\left|\sin\frac{\pi}{n}t_1-\sin\frac{\pi}{n}t_2\right|\\&=\left|2\sin\frac{\pi}{2n}(t_1-t_2)\cos\frac{\pi}{2n}(t_1+t_2)\right|\\&\leqslant\left|2\sin\frac{\pi}{2n}(t_1-t_2)\right|\\&\leqslant\frac{\pi}{n}|t_1-t_2|\leqslant\pi|t_1-t_2|<\varepsilon,\end{aligned}$$

故 E 是等度连续的。由阿尔泽拉-阿斯科利定理,E 为列紧集。 证毕

3. 距离空间上算子的连续性

定义 2.2.20 设(X,d_1),(Y,d_2)为两个距离空间,$x_0\in X$,$T:X\to Y$是一个算子。若$\forall\varepsilon>0$,$\exists\delta>0$使得

$$d_1(x,x_0)<\delta\Rightarrow d_2(T(x),T(x_0))<\varepsilon,$$

则称T在x_0处**连续**;若T在X的每个点都连续,则称T在X上连续。

下面我们列举几个连续算子的性质。

定理 2.2.21 设T是距离空间(X,d_1)到距离空间(Y,d_2)中的算子,那么T在$x_0\in X$处连续的充要条件为

$$x_n\to x_0\Rightarrow Tx_n\to Tx_0(n\to\infty)。$$

证 必要性:如果T在$x_0\in X$连续,那么$\forall\varepsilon>0$,$\exists\delta>0$,使当$d_1(x,x_0)<\delta$时有$d_2(Tx_0,Tx)<\varepsilon$;因为$x_n\to x_0(n\to\infty)$,所以存在正整数$N\in\mathbb{Z}^+$,当$n>N$时,有$d_1(x_n,x_0)<\delta$,再根据连续得到

$$d_2(Tx_n,Tx_0)<\varepsilon,$$

这就证明了$Tx_n\to Tx_0(n\to\infty)$。

充分性:反设T在$x_0\in X$不连续,那么存在$\varepsilon_0>0$,使对任意的$\delta>0$,当$x\neq x_0$且$d_1(x,x_0)<\delta$时有

$$d_2(Tx,Tx_0)\geqslant\varepsilon_0。$$

特别地,取$\delta=\dfrac{1}{n}$,则存在点列$\{x_n\}$满足$d_1(x_n,x_0)<\dfrac{1}{n}$,但$d_2(Tx_n,Tx_0)\geqslant\varepsilon_0$,这就是说,当$x_n\to x_0$时$Tx_n$不收敛于$Tx_0$,这与已知矛盾。所以$T$在$x_0\in X$连续。 证毕

定理 2.2.22 若T是距离空间X到距离空间Y的连续算子,则T将X中的紧集映射为Y中的紧集。

证 设A为X的紧子集,$\{y_n\}$为$T(A)$中的一个点列,则有A中的点列$\{x_n\}$使得

$$y_n=T(x_n);$$

由A的紧性,知存在$\{x_n\}$的一个子列$\{x_{n_k}\}$使得

$$x_{n_k}\to x_0\in A(k\to\infty),$$

此时,

$$\lim_{k\to\infty}y_{n_k}=\lim_{k\to\infty}T(x_{n_k})=T(x_0)\in T(A),$$

故$T(A)$是Y中的紧集。 证毕

此外,闭区间上连续函数的许多性质都可以推广到一般距离空间中的紧集上。

定理 2.2.23 设(X,d)是距离空间,T是X中的紧集A上的连续泛函,则:

(1) T 在 A 上有界，且 T 在 A 上取到它的最大值、最小值；

(2) T 在 A 上一致连续，即 $\forall \varepsilon>0, \exists \delta=\delta(\varepsilon)>0, \forall x_0, x_1 \in A$ 有

$$d(x_0, x_1)<\delta \Rightarrow |T(x_0)-T(x_1)|<\varepsilon。$$

2.3 可分空间

定义 2.3.1 设 (X,d) 是距离空间，集合 $A, B \subset X$，如果 $\forall x \in B, \exists \{x_n\} \subset A$，使得 $x_n \to x$，那么称 A 在 B 中**稠密**。

注 A 在 B 中稠密，根据定义知 A 不一定是 B 的子集。例如，因为任一个无理数都可以用一列有理数无限的逼近，所以有理数集在无理数集中稠密；同样的有理数集在实数集中稠密。

注 A 在 B 中稠密的等价定义为：$\forall x \in B, \forall \varepsilon>0$，有

$$B_\varepsilon(x) \cap A \neq \varnothing,$$

证明留作习题。

定义 2.3.2 若距离空间 (X,d) 具有可数的稠密子集，则 X 称为**可分空间**。

例 2.3.3 空间 $(C([a,b]),d)$ 是可分的。

证 $\forall x(t) \in C([a,b])$，由魏尔斯特拉斯多项式逼近定理，$x(t)$ 可以表为一列系数是实数的多项式列 $\{P_n\}$ 的一致收敛极限，即 $\forall \varepsilon>0, \exists N \in \mathbb{Z}^+, \forall t \in [a,b]$，只要 $n>N$，就有

$$|P_n(t)-x(t)|<\frac{\varepsilon}{2},$$

从而有

$$d(P_n, x)=\max_{t \in [a,b]} |P_n(t)-x(t)|<\frac{\varepsilon}{2}。$$

再根据有理数集在实数集中稠密，存在一列系数为有理数的多项式 $\{Q_n\}$ 使得

$$d(P_n, Q_n)<\frac{\varepsilon}{2},$$

从而有

$$d(Q_n, x) \leqslant d(Q_n, P_n)+d(P_n, x)<\frac{\varepsilon}{2}+\frac{\varepsilon}{2}=\varepsilon,$$

故 $Q_n \to x\ (n \to \infty)$，即系数为有理数的多项式列 $\{Q_n\}$ 是 $C([a,b])$ 的一个可数稠密子集，所以空间 $C([a,b])$ 是可分的。 证毕

另外，我们常见的其他空间，比如 $\mathbb{R}^n, l^p, L^p\ (1 \leqslant p<+\infty)$ 等都是可分空间。

例 2.3.4 设(X,d)为离散的距离空间，其中

$$d(x,y)=\begin{cases}0, & x=y,\\ 1, & x\neq y,\end{cases}$$

若$X=[0,1]$，证明X是不可分空间。

证 反设$X=[0,1]$可分，则存在可数稠密集$A=\{x_1,x_2,\cdots\}$。但$[0,1]$是不可数集，故$A\neq X$。对$x_0\in X\setminus A$，当$r<1$时，有

$$B_r(x_0)\cap A=\{x_0\}\cap A=\varnothing,$$

这与A在X中稠密矛盾，故X是不可分的。 证毕

2.4 完备化空间

在第1章中，我们知道有理数点列的收敛点可能是无理数，把这些收敛点加入有理数集合后新的集合就是实数集，于是实数集就具有了称为**完备性**的好性质：其中任一个柯西数列都收敛到本身。在一般的距离空间中也会有类似的问题。

1. 完备距离空间的概念

定义 2.4.1 设$\{x_n\}$是距离空间(X,d)中的点列，若$\forall\varepsilon>0$，$\exists N\in\mathbb{Z}^+$，使得当$m,n>N$时有

$$d(x_m,x_n)<\varepsilon,$$

则称$\{x_n\}$为**柯西列**，或者称为**基本列**。

定理 2.4.2 距离空间中的收敛点列是柯西列。

证 设$\{x_n\}$是距离空间(X,d)中的点列，且$x_n\to x_0(n\to\infty)$，则$\forall\varepsilon>0$，$\exists N\in\mathbb{Z}^+$，只要$n>N$就有

$$d(x_n,x_0)<\frac{\varepsilon}{2};$$

因此，当$m,n>N$时我们有

$$d(x_n,x_m)\leqslant d(x_n,x_0)+d(x_0,x_m)<\frac{\varepsilon}{2}+\frac{\varepsilon}{2}=\varepsilon,$$

所以$\{x_n\}$为柯西列。 证毕

通过1.2节中的例子我们知道柯西列不一定是收敛点列。但我们在应用中不但希望点列收敛，还希望收敛点在我们研究的空间中。为此，我们把这类性质好的空间称为完备的空间。

定义 2.4.3 设(X,d)为距离空间，若X中的任一柯西列都收敛到X中的点，则称空间X是**完备的**。

例 2.4.4 空间$\mathbb{R}^n$是完备的距离空间。

证 设$\{\boldsymbol{x}_k\}$是$\mathbb{R}^n$中的柯西列，其中

$$\boldsymbol{x}_k=(x_1^{(k)},x_2^{(k)},\cdots,x_n^{(k)}),$$

即$\forall\varepsilon>0$，$\exists N\in\mathbb{Z}^+$，使得当$m,k>N$时有

$$d(x_m,x_k)=\sqrt{\sum_{j=1}^{n}|x_j^{(m)}-x_j^{(k)}|^2}<\varepsilon。$$

固定$j(j=1,2,\cdots,n)$，上式推出

$$|x_j^{(m)}-x_j^{(k)}|\leqslant\sqrt{\sum_{j=1}^{n}|x_j^{(m)}-x_j^{(k)}|^2}<\varepsilon,$$

故$\{x_j^{(k)}\}$为$\mathbb{R}$中的柯西列。再由$\mathbb{R}$的完备性，存在$x_j\in\mathbb{R}$使得

$$\lim_{k\to\infty}x_j^{(k)}=x_j(j=1,2,\cdots,n)。$$

设$\boldsymbol{x}=(x_1,x_2,\cdots,x_n)$，则有$\boldsymbol{x}_k\to\boldsymbol{x}(k\to\infty)$，且$\boldsymbol{x}\in\mathbb{R}^n$，故$\mathbb{R}^n$是完备的。 证毕

例 2.4.5 空间$C([a,b])$是完备的距离空间。

证 设$\{x_n(t)\}$是空间$C([a,b])$中的柯西列，则$\forall\varepsilon>0$，$\exists N\in\mathbb{Z}^+$及正整数p，当$n>N$时有

$$d(x_n,x_{n+p})=\max_{t\in[a,b]}|x_n(t)-x_{n+p}(t)|<\varepsilon。$$

固定$t_0\in[a,b]$，由

$$|x_n(t_0)-x_{n+p}(t_0)|\leqslant d(x_n,x_{n+p})<\varepsilon,$$

得到$\{x_n(t_0)\}$是$\mathbb{R}$中的柯西列，故有极限$x(t_0)$。这样当t_0跑遍区间$[a,b]$中的点时，我们就得到一个函数x使得$x_n\to x(n\to\infty)$。

在上面不等式中令$p\to\infty$并利用t_0的任意性，得

$$|x_n(t)-x(t)|\leqslant\varepsilon,\quad\forall t\in[a,b],$$

从而有

$$d(x_n,x)=\max_{t\in[a,b]}|x_n(t)-x(t)|\leqslant\varepsilon,$$

即x_n一致收敛到x。再根据一致收敛的性质，得到$x\in C([a,b])$。所以空间$C([a,b])$是完备的距离空间。 证毕

注 除了空间$\mathbb{R}^n$与$C([a,b])$是完备的空间，我们常用的$l^p,l^\infty,L^p([a,b])$都是完备的距离空间。

下面的例子说明同一个空间若使用不同的距离则可能就不完备。

例 2.4.6 证明空间$C([0,1])$按照下面的距离不是完备的空间：

$$d(x,y)=\int_0^1|x(t)-y(t)|\,\mathrm{d}t,\quad\forall x,y\in C([0,1])。$$

证 设$C([0,1])$中的点列

$$x_m(t)=\begin{cases}1, & \frac{1}{2}+\frac{1}{m}\leqslant t\leqslant 1,\\ \text{线性}, & \frac{1}{2}<t<\frac{1}{2}+\frac{1}{m},\\ 0, & 0\leqslant t\leqslant\frac{1}{2},\end{cases}$$

则 $\forall\varepsilon>0$，当 $n>m>\frac{1}{\varepsilon}$ 时，

$$\begin{aligned}d(x_n,x_m)&=\int_0^1|x_n(t)-x_m(t)|\,\mathrm{d}t\\&=\int_{\frac{1}{2}}^{\frac{1}{2}+\frac{1}{m}}|x_n(t)-x_m(t)|\,\mathrm{d}t\leqslant\frac{1}{m}<\varepsilon,\end{aligned}$$

所以 $\{x_m(t)\}$ 是柯西列。

但对每个 $x\in C([0,1])$，

$$\begin{aligned}d(x_m,x)&=\int_0^1|x_m(t)-x(t)|\,\mathrm{d}t\\&=\int_0^{\frac{1}{2}}|x(t)|\,\mathrm{d}t+\int_{\frac{1}{2}}^{\frac{1}{2}+\frac{1}{m}}|x_m(t)-x(t)|\,\mathrm{d}t+\int_{\frac{1}{2}+\frac{1}{m}}^1|1-x(t)|\,\mathrm{d}t。\end{aligned}$$

如果 $d(x_m,x)\to 0(m\to\infty)$，那么得到

$$\int_0^{\frac{1}{2}}|x(t)|\,\mathrm{d}t=0,\quad\int_{\frac{1}{2}}^1|1-x(t)|\,\mathrm{d}t=0,$$

但由于 $x(t)$ 在 $[0,1]$ 上连续，所以 $x(t)$ 在 $\left[0,\frac{1}{2}\right]$ 上恒为 0，在 $\left(\frac{1}{2},1\right]$ 上恒为 1，并且

$$\lim_{t\to\frac{1}{2}-0}x(t)=0,\quad\lim_{t\to\frac{1}{2}+0}x(t)=1,$$

这与 $x(t)$ 在 $[0,1]$ 上连续矛盾，因此空间不完备。　　证毕

对于完备空间的子空间，我们有下面的性质，其证明留为习题。

定理 2.4.7　设 M 是完备距离空间 (X,d) 中的子集，则

$$(M,d)\text{ 完备}\Leftrightarrow M\text{ 为 }X\text{ 中的闭集。}$$

例 2.4.8　设 $P([0,1])$ 是 $[0,1]$ 上的所有多项式构成的集合，定义

$$d(x,y)=\max_{0\leqslant t\leqslant 1}|x(t)-y(t)|,$$

求证：$P([0,1])$ 按照距离 $d(x,y)$ 不是完备空间。

证　假设

$$P_n(t)=1+t+\frac{1}{2!}t^2+\cdots+\frac{1}{n!}t^n,$$

则 $P_n \in P([0,1])$。$\forall m>n$ 有

$$d(P_m,P_n)=\max_{0\leqslant t\leqslant 1}|P_m(t)-P_n(t)|=\max_{0\leqslant t\leqslant 1}\left|\sum_{k=n+1}^{m}\frac{t^k}{k!}\right|\leqslant\sum_{k=n+1}^{m}\frac{1}{k!}。$$

再由 $\sum_{k=0}^{\infty}\frac{1}{k!}$ 收敛可知 $\{P_n\}$ 是 $P([0,1])$ 中的柯西列。

根据函数 e^t 的泰勒展开可知

$$d(P_n,e^t)=\max_{0\leqslant t\leqslant 1}\left|\sum_{k=n+1}^{\infty}\frac{t^k}{k!}\right|\leqslant\sum_{k=n+1}^{\infty}\frac{1}{k!}\to 0(n\to\infty),$$

但是 $e^t\notin P([0,1])$，所以集合 $P([0,1])$ 不是闭集。根据上面定理 $P([0,1])$ 不完备。

证毕

2. 距离空间的完备化

类似于有理数集$\mathbb{Q}$可以完备化为实数集$\mathbb{R}$，下面我们要说明每一个距离空间都有一个完备化的空间。

定义 2.4.9 设 (X_1,d_1) 与 (X_2,d_2) 为两个距离空间，假设存在双射算子 $T:X_1\to X_2$ 使得 $\forall x,y\in X$，都有

$$d_2(Tx,Ty)=d_1(x,y),$$

则称 (X_1,d_1) 与 (X_2,d_2) **等距同构**，并称 T 为**等距同构映射**。

定理 2.4.10 对于距离空间 (X_1,d_1)，一定存在一个完备距离空间 (X_2,d_2)，使得 X_1 与 X_2 的某一稠密子空间等距同构，并且 X_2 在等距同构意义下是唯一的。空间 (X_2,d_2) 称为 (X_1,d_1) 的**完备化空间**。

此定理的证明可以参考文献[2]或者文献[8]。

例 2.4.11 多项式函数空间 $P([0,1])$ 按照距离

$$d(x,y)=\max_{t\in[a,b]}|x(t)-y(t)|$$

的完备化空间是 $C([0,1])$。

例 2.4.12 连续函数空间 $C([a,b])$ 按照距离

$$d(x,y)=\int_a^b|x(t)-y(t)|\,dt$$

的完备化空间是勒贝格可积函数空间 $(L^1([a,b]),d)$。

2.5 压缩映射定理

1. 压缩映射定理

压缩映射定理（或者巴拿赫不动点定理）是完备的距离空间最经典的应用之

一。此定理可以用来判定方程解的存在性,并可在数值分析中求方程的近似解;最重要的是它的理论应用,即在微分与积分方程、代数方程等解的存在和唯一性定理中起到了关键的作用。

定义 2.5.1 设(X,d)为距离空间,$T:X\to X$ 是一个算子,若存在 $x_0\in X$ 使得

$$T(x_0)=x_0,$$

则称 x_0 为算子 T 的**不动点**。

定义 2.5.2 设(X,d)为距离空间,$T:X\to X$ 是一个算子,若存在常数 $0<\lambda<1$ 使得 $\forall x,y\in X$ 都有

$$d(Tx,Ty)\leqslant \lambda d(x,y),$$

则称 T 为 X 上的**压缩映射**。

明显地,压缩映射为连续算子,证明留作习题。

定理 2.5.3(压缩映射定理) 设(X,d)为完备距离空间,$T:X\to X$ 是一压缩映射,则 T 在 X 中有唯一的不动点。

证 (1) $\forall x_0\in X$,作迭代序列

$$x_1=Tx_0,x_2=Tx_1,\cdots,\ x_n=Tx_{n-1},\cdots,$$

下证此迭代序列$\{x_n\}$为柯西列。

根据

$$\begin{aligned}d(x_n,x_{n+1})&=d(Tx_{n-1},Tx_n)\leqslant \lambda d(x_{n-1},x_n)\\&\leqslant \lambda^2 d(x_{n-2},x_{n-1})\leqslant \lambda^n d(x_0,x_1),\end{aligned}$$

及距离的三角不等式,对于 $n>m$ 得到

$$\begin{aligned}d(x_m,x_n)&=d(x_m,x_{m+1})+d(x_{m+1},x_{m+2})+\cdots+d(x_{n-1},x_n)\\&\leqslant(\lambda^m+\lambda^{m+1}+\cdots+\lambda^{n-1})d(x_0,x_1)\\&=\lambda^m\,\frac{1-\lambda^{n-m}}{1-\lambda}d(x_0,x_1),\\&\leqslant\frac{\lambda^m}{1-\lambda}d(x_0,x_1)。\end{aligned}$$

再由 $0<\lambda<1$ 得到 $d(x_m,x_n)\to 0(n,m\to\infty)$,故$\{x_n\}$为柯西列。

(2) 由 X 完备,知 $\exists x\in X$,使得

$$x_n\to x(n\to\infty)。$$

下证 x 为 T 的一个不动点。根据上式有

$$\begin{aligned}d(x,Tx)&\leqslant d(x,x_n)+d(x_n,Tx)\\&\leqslant d(x,x_n)+\lambda d(x_{n-1},x)\\&\to 0(n\to\infty),\end{aligned}$$

从而得到 $x=Tx$,即 x 为 T 的一个不动点。

(3) 下证唯一性。反设 y 为 T 的另一个不动点,则有

$$d(x,y)=d(Tx,Ty)\leqslant \lambda d(x,y),$$

得到 $(1-\lambda)d(x,y)\leqslant 0$,根据 $0<\lambda<1$,我们有 $d(x,y)=0$,所以 $x=y$,即 T 在 X 有唯一的不动点。 证毕

使用压缩映射定理时,我们要注意下面的几点:

(a) **"找空间"**:空间 (X,d) 必须是完备的,否则其不动点可能不属于 X。例如当 $x\in\left(0,\frac{1}{2}\right)$ 时,可证函数 $T(x)=x^2$ 为压缩映射,但其不动点不在定义域内;

(b) **"找算子"**:在实际的应用中,题目中可能没有给出算子,比如只是求某个微分或者积分方程的解,因此我们需要利用条件找出算子 T,并说明 T 是空间 X 到 X 自身的一个算子;

(c) **"证压缩"**:找到算子 T 后,最关键的一步就是证明算子是压缩映射,这可能用到拉格朗日(Lagrange)中值定理、距离的性质或者积分中的不等式等;

(d) **"算估计"**:如果要得到方程的近似解,还需要用迭代法,即利用误差估计不等式

$$d(x_m,x)\leqslant \frac{\lambda^m}{1-\lambda}d(x_0,Tx_0)。$$

2. 寻找不动点及近似解

定理 2.5.4 设 $X=[1,+\infty)$,函数 $f:X\to X$ 定义为

$$f(x)=\frac{x}{2}+\frac{1}{x},$$

证明 f 是压缩映射并求出 f 的不动点。

解 (1) 明显地,算子 f 是从完备空间 $X=[1,+\infty)$ 到自身的映射,其中 $X=[1,+\infty)$ 中的距离定义为

$$d(x,y)=|x-y|,\quad \forall x,y\in X。$$

(2) 因为

$$\lambda \overset{\text{def}}{=} \max_{x\geqslant 1}|f'(x)|=\max_{x\geqslant 1}\left|\frac{1}{2}-\frac{1}{x^2}\right|\leqslant \frac{1}{2}<1,$$

所以由拉格朗日中值定理,$\forall x,y\in X$,$\exists x_0\in X$ 使得

$$|f(x)-f(y)|=|f'(x_0)(x-y)|\leqslant \lambda|x-y|,$$

故 f 是压缩映射。由压缩映射定理,函数 f 的不动点存在且唯一。

(3) 当 $f(x)=x$,即 $\frac{x}{2}+\frac{1}{x}=x$ 时得到 f 在 $X=[1,+\infty)$ 中的唯一不动点 $x=\sqrt{2}$。 证毕

注 一般地,若 $f:\mathbb{R}\to\mathbb{R}$ 是可微函数并且

$$|f'(x)|\leqslant\lambda<1,$$

则方程 $f(x)=x$ 有唯一解。

例 2.5.5 设函数 $f(x)=\frac{5}{6}x+\frac{1}{6}(1-x^5)$,求方程 $f(x)=x$ 在区间[0.75,1]中的近似解[7]。

解 因为 f 在[0.75,1]上满足

$$|f'(x)|=\left|\frac{5}{6}(1-x^4)\right|\leqslant\frac{5}{6}<1,$$

故 f 是[0.75,1]上的压缩映射,且方程 $f(x)=x$ 有唯一的解 x^*。

取 $x_0=0.75$,作迭代序列 $x_n=f(x_{n-1})$ 有

$$x_1=0.7521,x_2=0.7533,x_3=0.7540,$$
$$x_4=0.7544,x_5=0.7546,x_6=0.7547,$$
$$x_7=0.7548,x_8=0.7548,\cdots,$$

若取近似解为 $x_8=0.7548$,则利用误差估计不等式得到

$$|0.7548-x^*|\leqslant\frac{\lambda^m}{1-\lambda}d(x_0,Tx_0)=\frac{(0.7813)^8}{1-0.7813}|0.7521-0.75|=0.0013,$$

如果对于误差有更精确的要求,可以继续进行迭代估计。

例 2.5.6 设积分方程

$$x(t)=f_0(t)+\mu\int_a^b K(t,s)x(s)\mathrm{d}s,$$

其中 $\mu\in\mathbb{R}$ 为参数,$f_0\in C([a,b])$,二元函数

$$K(t,s)\in C([a,b]\times[a,b]),$$

证明当 $|\mu|$ 充分小时,此积分方程有唯一解 $x\in C([a,b])$。

证 (1) 在完备空间 $C([a,b])$ 中定义算子

$$(Tx)(t)=f_0(t)+\mu\int_a^b K(t,s)x(s)\mathrm{d}s,\quad \forall x\in C([a,b]),$$

明显地,T 为 $C([a,b])$ 到 $C([a,b])$ 的算子,并且 T 的不动点为积分方程的解。

(2) $\forall x_1,x_2\in C([a,b])$,我们有

$$\begin{aligned}
d(Tx_1,Tx_2)&=\max_{t\in[a,b]}|(Tx_1)(t)-(Tx_2)(t)|\\
&=\max_{t\in[a,b]}\left|\mu\int_a^b K(t,s)(x_1(s)-x_2(s))\mathrm{d}s\right|\\
&\leqslant|\mu|\max_{t\in[a,b]}\left|\int_a^b\left|\max_{t,s\in[a,b]}K(t,s)\right|\max_{s\in[a,b]}|x_1(s)-x_2(s)|\mathrm{d}s\right|\\
&\leqslant(b-a)|\mu|\cdot\left|\max_{t,s\in[a,b]}K(t,s)\right|\cdot\max_{s\in[a,b]}|x_1(s)-x_2(s)|
\end{aligned}$$

$$=(b-a)|\mu|\cdot|\max_{t,s\in[a,b]}K(t,s)|\cdot \mathrm{d}(x_1(t),x_2(t))。$$

根据 $K(t,s)\in C([a,b]\times[a,b])$ 知道 $K(t,s)$ 有界，所以当 $|\mu|$ 充分小时，存在 $0\leqslant\lambda<1$ 使

$$d(Tx_1,Tx_2)\leqslant\lambda d(x_1,x_2),$$

即算子 T 是压缩映射。

(3) 根据压缩映射定理，算子 T 存在唯一的不动点 $x\in C([a,b])$，即积分方程有唯一的解。 证毕

3. 理论应用

定理 2.5.7 设 $\boldsymbol{A}=(a_{ij})$ 是 $n\times n$ 实矩阵，满足

$$\max_{1\leqslant i\leqslant n}\sum_{j=1}^{n}|a_{ij}|<1。$$

证明：对于任意实数组 $\boldsymbol{b}=(b_1,b_2,\cdots,b_n)^{\mathrm{T}}$，代数方程组($\boldsymbol{x}=(x_1,x_2,\cdots,x_n)^{\mathrm{T}}$)

$$\boldsymbol{x}=\boldsymbol{A}\boldsymbol{x}+\boldsymbol{b}$$

有唯一解；且对任意 n 维向量 $\boldsymbol{x}^{(0)}$，由 $\boldsymbol{x}^{(k+1)}=\boldsymbol{A}\boldsymbol{x}^{(k)}+\boldsymbol{b}$ 所确定的迭代序列 $\{\boldsymbol{x}^{(k)}\}$ 的极限就是该唯一解。

证 对于 $\mathbb{R}^n$ 上的两个点 $\boldsymbol{x}=(x_1,x_2,\cdots,x_n)^{\mathrm{T}}$ 与 $\boldsymbol{y}=(y_1,y_2,\cdots,y_n)^{\mathrm{T}}$，定义

$$d(\boldsymbol{x},\boldsymbol{y})=\max_{1\leqslant k\leqslant n}|x_k-y_k|。$$

容易证明($\mathbb{R}^n,d$)是完备的度量空间。定义映射 T 如下：

$$\boldsymbol{T}\boldsymbol{x}=\boldsymbol{A}\boldsymbol{x}+\boldsymbol{b},$$

则有

$$d(\boldsymbol{T}\boldsymbol{x},\boldsymbol{T}\boldsymbol{y})=\max_{1\leqslant k\leqslant n}\left|\sum_{j=1}^{n}a_{kj}(x_j-y_j)\right|\leqslant\max_{1\leqslant k\leqslant n}\sum_{j=1}^{n}|a_{kj}|\,d(\boldsymbol{x},\boldsymbol{y}),$$

所以 $\boldsymbol{T}$ 是($\mathbb{R}^n,d$)到自身的压缩映射，由压缩映射定理，方程存在唯一的解 $\boldsymbol{z}\in\mathbb{R}^n$；且对于任意 n 维实向量 $\boldsymbol{x}^{(0)}$，由 $\boldsymbol{x}^{(k+1)}=\boldsymbol{A}\boldsymbol{x}^{(k)}+\boldsymbol{b}$ 确定的迭代序列的极限就是唯一的解 $\boldsymbol{z}$。 证毕

注 从线性代数中知道上述代数方程组有唯一解的充分必要条件是 $\boldsymbol{E}-\boldsymbol{A}$ 为可逆矩阵，这里 $\boldsymbol{E}$ 是 n 阶单位矩阵，所以我们的定理提供了一个 $\boldsymbol{E}-\boldsymbol{A}$ 为可逆矩阵的充分条件。进一步的，对于任意初始值 $\boldsymbol{x}^{(0)}$，解可以由 $\boldsymbol{x}^{(k+1)}=\boldsymbol{A}\boldsymbol{x}^{(k)}+\boldsymbol{b}$ 确定的迭代序列 $\{\boldsymbol{x}^{(k)}\}$ 收敛得到。

定理 2.5.8(常微分方程解的存在性与唯一性定理) 设二元函数 $f(x,t)$ 在 $\mathbb{R}^2$ 上连续且关于 x 满足利普希茨(Lipschitz)条件：存在常数 $K>0$ 使得

$$|f(x,t)-f(y,t)|\leqslant K|x-y|,\quad \forall t\in\mathbb{R},$$

则初值问题

$$\begin{cases}\dfrac{dx}{dt}=f(x,t),\\ x\mid_{t=t_0}=x_0,\end{cases}$$

在$\mathbb{R}^2$上有唯一连续解。

证 (1) 设完备距离空间$C([t_0-\delta,t_0+\delta])$,其中$\delta>0$待定,定义算子

$$(Tx)(t)=x_0+\int_{t_0}^{t}f(x(s),s)\mathrm{d}s,$$

则T为$C([t_0-\delta,t_0+\delta])$到自身的算子,且$T$的不动点就是原方程的解。

(2) $\forall x,y\in C([t_0-\delta,t_0+\delta])$,我们有

$$\begin{aligned}d(Tx,Ty)&=\max_{t\in[t_0-\delta,t_0+\delta]}\left|\int_{t_0}^{t}f(x(s),s)\mathrm{d}s-\int_{t_0}^{t}f(y(s),s)\mathrm{d}s\right|\\&\leqslant\max_{t\in[t_0-\delta,t_0+\delta]}\left|\int_{t_0}^{t}\mid f(x(s),s)-f(y(s),s)\mid\mathrm{d}s\right|\\&\leqslant\max_{t\in[t_0-\delta,t_0+\delta]}\left|\int_{t_0}^{t}K\mid x(s)-y(s)\mid\mathrm{d}s\right|\\&\leqslant K\max_{t\in[t_0-\delta,t_0+\delta]}\left|\int_{t_0}^{t}\max_{s\in[t_0-\delta,t_0+\delta]}\mid x(s)-y(s)\mid\mathrm{d}s\right|\\&\leqslant K\delta\max_{t\in[t_0-\delta,t_0+\delta]}\mid x(t)-y(t)\mid\\&=K\delta d(x,y)。\end{aligned}$$

若取$\delta<\dfrac{1}{K}$,则T为$C([t_0-\delta,t_0+\delta])$上的压缩映射。

(3) 根据压缩映射定理,T存在唯一的不动点

$$x^*(t)\in C([t_0-\delta,t_0+\delta]),$$

即初值问题在$[t_0-\delta,t_0+\delta]$上有唯一连续解。

(4) 同理,在完备距离空间$C([t_0,t_0+2\delta])$中,方程在初值

$$x\mid_{t=t_0+\delta}=x^*(t_0+\delta)$$

下也有唯一解$x^{**}(t)$,这个解在区间$[t_0,t_0+\delta]$上与$x^*(t)$相同,所以解可以延拓到区间$[t_0-\delta,t_0+2\delta]$上。以此类推,解可以延拓到整个实数上。 证毕

定理 2.5.9(隐函数存在定理) 设函数$f(x,y)$在区域

$$a\leqslant x\leqslant b,\quad -\infty<y<+\infty$$

中处处连续,关于y的偏导数$f'_y(x,y)$存在,并且存在常数$0<m<M$满足

$$m\leqslant f'_y(x,y)\leqslant M,$$

则方程$f(x,y)=0$在区间$[a,b]$上存在唯一的连续函数$y=\varphi(x)$作为解,即

$$f(x,\varphi(x))\equiv 0,\quad x\in[a,b]。$$

证 (1) 对任意的函数 $\varphi\in C([a,b])$，定义算子

$$(T\varphi)(x)=\varphi(x)-\frac{1}{M}f(x,\varphi(x)),$$

根据 f,φ 的连续性，得到 T 是 $C([a,b])$ 到自身的算子。

(2) 下面证 T 是压缩映射。任取 $\varphi_1,\varphi_2\in C([a,b])$，根据微分中值定理，存在 $0<\alpha<1$，满足

$$\begin{aligned}&|(T\varphi_2)(x)-(T\varphi_1)(x)|\\&=\left|\varphi_2(x)-\frac{1}{M}f(x,\varphi_2(x))-\varphi_1(x)+\frac{1}{M}f(x,\varphi_1(x))\right|\\&=\left|\varphi_2(x)-\varphi_1(x)-\frac{1}{M}f'_y[x,\varphi_1(x)+\alpha(\varphi_2(x)-\varphi_1(x))](\varphi_2(x)-\varphi_1(x))\right|\\&\leqslant|\varphi_2(x)-\varphi_1(x)|\left(1-\frac{m}{M}\right);\end{aligned}$$

设 $\lambda=1-\dfrac{m}{M}$，则有 $0<\lambda<1$，且

$$\begin{aligned}d(T\varphi_2,T\varphi_1)&=\max_{x\in[a,b]}|(T\varphi_2)(x)-(T\varphi_1)(x)|\\&\leqslant\lambda\max_{x\in[a,b]}|\varphi_2(x)-\varphi_1(x)|=\lambda d(\varphi_2,\varphi_1),\end{aligned}$$

因此 T 是压缩映射。

(3) 由压缩映射定理，存在唯一的 $\varphi\in C([a,b])$ 满足 $T\varphi=\varphi$，即

$$\varphi(x)\equiv\varphi(x)-\frac{1}{M}f(x,\varphi(x)),$$

化简后得到

$$f(x,\varphi(x))\equiv 0,\quad x\in[a,b]。$$

证毕

习题 2

1. 设 X 是非空集合，定义

$$d(x,y)=\begin{cases}0, & x=y,\\ 1, & x\neq y,\end{cases}$$

则 (X,d) 是距离空间(称为**离散距离空间**)。

2. 设 $d(x,y)$ 是空间 X 上的距离，证明 $\tilde{d}(x,y)=\dfrac{d(x,y)}{1+d(x,y)}$ 也是距离。

3. 设 (X,d) 是距离空间，集合 $A,B\subset X$，如果 $\forall x_0\in B$，$\forall\varepsilon>0$，有

$$B_\varepsilon(x_0)\cap A\neq\varnothing,$$

证明 A 在 B 中稠密。

4. 设 (X,d) 是离散距离空间，证明 X 可分的充分必要条件是 X 为可数集。

5. 证明空间 $\mathbb{R}^2$ 中的有界集是列紧集。

6. 证明距离空间中柯西列是有界集。

7. 设 (X,d) 是完备的距离空间，$M\subset X$，则 (M,d) 完备 $\Leftrightarrow M$ 为 X 中的闭集。

8. 证明距离空间中压缩映射为连续算子。

9. 设 A 为完备距离空间 X 中的非空闭子集，$T:A\to A$；若 $\exists n\in\mathbb{Z}^+$，使得 T^n 为 A 上的压缩映射，则 T 在 A 中有唯一的不动点。

10. 已知 $\varphi\in C([0,1])$，$r\in(0,1)$，证明方程

$$x(t)=r\sin x(t)+\varphi(t)$$

在 $[0,1]$ 上存在唯一的连续解。

11. 对于积分方程

$$x(t)=f(t)+\mu\int_a^b K(t,s)x(s)\mathrm{d}s,$$

其中 μ 为参数，$f(t)\in L^2([a,b])$，积分核

$$K(t,s)\in L^2([a,b]\times[a,b]),$$

证明当 $|\mu|$ 充分小时，方程有唯一解 $x(t)\in L^2([a,b])$。

第 3 章

巴拿赫空间

我们已经在距离空间中推广了实数空间中的拓扑结构(距离、极限、开集、闭集等),但在实数空间中,任意的元素 x 都有长度 $|x|$,在距离空间中并没有定义类似的代数结构,即对于具体的元素没有“长度”的刻画,为此在本章中我们研究一类既有拓扑结构也有代数结构的性质更好的空间。

3.1 赋范线性空间

定义 3.1.1 设 X 是实数集 $\mathbb{R}$ 上的线性空间,若 $\forall x \in X$,都有一个实数 $\|x\|$ 与之对应,使得 $\forall x, y \in X$ 及 $\alpha \in \mathbb{R}$,下列性质成立:

① 正定性

$$\|x\| \geqslant 0, \quad \|x\| = 0 \Leftrightarrow x = \theta;$$

② 齐次性

$$\|\alpha x\| = |\alpha| \, \|x\|;$$

③ 三角不等式

$$\|x + y\| \leqslant \|x\| + \|y\|,$$

则称 $\|\cdot\|$ 为 X 上的**范数**(也称为**模**),称 X 为**赋范线性空间**,简称赋范空间,记作$(X, \|\cdot\|)$。

注 “赋范”的意思就是“赋予一个范数”,范数可以看成是实数空间中长度的推广。

下面我们列举几个常用的赋范线性空间。

例 3.1.2 $\forall \boldsymbol{x} = (x_1, x_2, \cdots, x_n) \in \mathbb{R}^n$,定义

$$\|\boldsymbol{x}\| = \left(\sum_{k=1}^{n} |x_k|^2\right)^{\frac{1}{2}},$$

则($\mathbb{R}^n$,$\|\cdot\|$)为赋范空间。

证 (1) 正定性：因为$\|\boldsymbol{x}\|\geqslant 0$并且

$$\|\boldsymbol{x}\|=\left(\sum_{k=1}^{n}|x_k|^2\right)^{\frac{1}{2}}=0\Leftrightarrow x_k=0(k=1,2,\cdots,n)\Leftrightarrow \boldsymbol{x}=\boldsymbol{0};$$

(2) 齐次性：$\forall\alpha\in\mathbb{R}$,由$\|\alpha\boldsymbol{x}\|=|\alpha|\cdot\|\boldsymbol{x}\|$知齐次性成立；

(3) 三角不等式：$\forall\boldsymbol{y}=(y_1,y_2,\cdots,y_n)\in\mathbb{R}^n$,由闵科夫斯基不等式有

$$\begin{aligned}\|\boldsymbol{x}+\boldsymbol{y}\|&=\left(\sum_{k=1}^{n}|x_k+y_k|^2\right)^{\frac{1}{2}}\leqslant\left(\sum_{k=1}^{n}|x_k|^2\right)^{\frac{1}{2}}+\left(\sum_{k=1}^{n}|y_k|^2\right)^{\frac{1}{2}}\\&=\|\boldsymbol{x}\|+\|\boldsymbol{y}\|,\end{aligned}$$

故三角不等式成立,所以$\|\boldsymbol{x}\|$是范数,($\mathbb{R}^n$,$\|\cdot\|$)为赋范空间。 证毕

例 3.1.3 对于线性空间

$$l^p=\left\{x=(x_1,x_2,\cdots,x_k,\cdots):\sum_{k=1}^{\infty}|x_k|^p<+\infty\right\},\quad 1\leqslant p<+\infty,$$

定义

$$\|x\|=\left(\sum_{k=1}^{\infty}|x_k|^p\right)^{\frac{1}{p}},$$

同样由闵科夫斯基不等式得到(l^p,$\|\cdot\|$)为赋范空间。

例 3.1.4 对于线性空间$l^\infty=\{x=(x_1,x_2,\cdots,x_k,\cdots):\sup\limits_{k\in\mathbf{Z}^+}|x_k|<+\infty\}$,

定义

$$\|x\|=\sup_{k\in\mathbf{Z}^+}|x_k|,$$

易知(l^∞,$\|\cdot\|$)为赋范空间。

例 3.1.5 对于线性空间$C([a,b])$中的元素$x(t)$,定义

$$\|x(t)\|=\max_{t\in[a,b]}|x(t)|,$$

易知($C([a,b])$,$\|\cdot\|$)为赋范空间。

例 3.1.6 对于$1\leqslant p<+\infty$,设

$$x(t)\in L^p([a,b])=\left\{x(t):\int_a^b|x(t)|^p\mathrm{d}x<+\infty\right\},$$

定义

$$\|x(t)\|=\left(\int_a^b|x(t)|^p\mathrm{d}t\right)^{\frac{1}{p}},$$

则($L^p([a,b])$,$\|\cdot\|$)是一个赋范空间。

证 (1) 正定性：显然 $\|x(t)\|\geqslant 0$ 并且

$$\|x(t)\|=\left(\int_a^b |x(t)|^p \mathrm{d}t\right)^{\frac{1}{p}}=0\Leftrightarrow x(t)=0,\text{a. e.}$$

所以当我们把 $L^p([a,b])$ 中几乎处处相等的函数看作同一个函数时，$\|\cdot\|$ 满足正定性；

(2) 齐次性：$\forall \alpha\in\mathbb{R}$，由 $\|\alpha x(t)\|=|\alpha|\cdot\|x(t)\|$ 知齐次性成立；

(3) 三角不等式：$\forall x,y\in L^p([a,b])$，由积分形式的闵科夫斯基不等式得到

$$\begin{aligned}\|x+y\|&=\left(\int_a^b |x(t)+y(t)|^p \mathrm{d}t\right)^{\frac{1}{p}}\leqslant\left(\int_a^b |x(t)|^p \mathrm{d}t\right)^{\frac{1}{p}}+\left(\int_a^b |y(t)|^p \mathrm{d}t\right)^{\frac{1}{p}}\\&=\|x\|+\|y\|,\end{aligned}$$

故 $\|\cdot\|$ 是范数，$(L^p([a,b]),\|\cdot\|)$ 是一个赋范空间。 证毕

注 除非特殊的说明，以后遇到上面的空间，我们都使用例子中的范数。

3.2 巴拿赫空间的定义

1. 依范数收敛

定义 3.2.1 设 $\{x_n\}$ 为赋范空间 $(X,\|\cdot\|)$ 中的点列，如果存在 $x\in X$ 使得

$$\|x_n-x\|\to 0\quad(n\to\infty),$$

那么称 $\{x_n\}$ **依范数收敛**于 x，记为 $x_n\to x(n\to\infty)$ 或者 $\lim\limits_{n\to\infty}x_n=x$。

定义 3.2.2 设 $\{x_n\}$ 为赋范空间 $(X,\|\cdot\|)$ 中的点列，如果存在常数 $M>0$ 使得

$$\|x_n\|\leqslant M,\quad\forall n\in\mathbb{Z}^+,$$

那么称 $\{x_n\}$ **有界**。

注 收敛的点列一定有界，证明留为习题。下面我们使用一个例子来学习赋范线性空间中的连续的定义。

定理 3.2.3 设 $(X,\|\cdot\|)$ 为赋范线性空间，$\forall x\in X$，设 $f(x)=\|x\|$，证明 f 是连续泛函，即

$$\|x_n-x\|\to 0\Rightarrow\|x_n\|\to\|x\|\ (n\to\infty)。$$

证 根据范数的三角不等式，$\forall x,y\in X$ 有

$$\|x\|=\|x-y+y\|\leqslant\|x-y\|+\|y\|,$$

得到

$$\|x\|-\|y\|\leqslant\|x-y\|。$$

另一方面，由

$$\| y \| = \| y - x + x \| \leqslant \| x - y \| + \| x \|,$$

得到

$$\| y \| - \| x \| \leqslant \| x - y \|;$$

所以

$$| \| x \| - \| y \| | \leqslant \| x - y \|。$$

因此,当 $\| x_n - x \| \to 0$ 时得到

$$| f(x_n) - f(x) | = | \| x_n \| - \| x \| | \leqslant \| x_n - x \| \to 0,$$

即 f 是连续泛函并且

$$\| x_n - x \| \to 0 \Rightarrow \| x_n \| \to \| x \| \quad (n \to \infty)。$$

证毕

2. 由范数导出的距离

定理 3.2.4 设$(X, \| \cdot \|)$为赋范空间,若定义

$$d(x,y) = \| x - y \|, \quad \forall x,y \in X,$$

则 $d(x,y)$为 X 上的距离,并且赋范空间中的点列收敛 $x_n \to x$ 等价于

$$d(x_n,x) = \| x_n - x \| \to 0 \quad (n \to \infty),$$

故也称 $d(x,y)$为由范数 $\| \cdot \|$ 导出的距离。

注 证明留作习题。从此定理可以看出,所有的赋范空间都是距离空间,距离空间中的性质在赋范空间中都成立。为此我们可以定义完备的赋范空间。

定义 3.2.5 完备的赋范线性空间称为**巴拿赫**(Banach)**空间**。

为了方便大家记忆,我们总结成表 3.1。

表 3.1

巴拿赫空间	距　离	范　数
$\mathbb{R}^n$	$d(\boldsymbol{x},\boldsymbol{y}) = \left(\sum_{k=1}^{n} \| x_k - y_k \|^2 \right)^{1/2}$	$\| \boldsymbol{x} \| = \left(\sum_{k=1}^{n} \| x_k \|^2 \right)^{1/2}$
l^p	$d(x,y) = \left(\sum_{k=1}^{\infty} \| x_k - y_k \|^p \right)^{1/p}$	$\| x \| = \left(\sum_{k=1}^{\infty} \| x_k \|^p \right)^{1/p}$
l^∞	$d(x,y) = \sup_{k \in \mathbf{Z}^+} \| x_k - y_k \|$	$\| x \| = \sup_{k \in \mathbf{Z}^+} \| x_k \|$
$C([a,b])$	$d(x,y) = \max_{t \in [a,b]} \| x(t) - y(t) \|$	$\| x \| = \max_{t \in [a,b]} \| x(t) \|$
$L^p([a,b])$	$d(x,y) = \left(\int_a^b \| x(t) - y(t) \|^p \mathrm{d}t \right)^{1/p}$	$\| x \| = \left(\int_a^b \| x(t) \|^p \mathrm{d}t \right)^{1/p}$

注 在3.1节的例子中可以看出，空间$\mathbb{R}^n$、$C([a,b])$、l^p、l^∞与$L^p([a,b])$都可定义范数，并且不难发现其范数导出的距离与我们第2章定义的距离一样；又因为这些空间都是完备的，因此它们按照我们定义的范数也都是巴拿赫空间。

下面我们以l^p为例，用范数的收敛证明其为巴拿赫空间。首先给出柯西列的定义。

定义 3.2.6 设$\{x_n\}$为赋范空间$(X,\|\cdot\|)$中的点列，如果$\forall \varepsilon>0$，$\exists N\in\mathbb{Z}^+$，当$m,n>N$时有

$$\|x_m-x_n\|<\varepsilon,$$

那么称$\{x_n\}$为空间X中的**柯西列**。

例 3.2.7 对于线性空间$l^p=\left\{x=(x_1,x_2,\cdots,x_k,\cdots):\sum_{k=1}^{\infty}|x_k|^p<+\infty\right\}$，若定义

$$\|x\|=\left(\sum_{k=1}^{\infty}|x_k|^p\right)^{\frac{1}{p}},$$

则$(l^p,\|\cdot\|)$是巴拿赫空间。

证 我们已经知道空间l^p是赋范线性空间；下面证明l^p中的任意柯西列都收敛到本身。设

$$x^{(n)}=(x_1^{(n)},x_2^{(n)},\cdots,x_k^{(n)},\cdots)$$

是l^p中的柯西列，则$\forall \varepsilon>0$，$\exists N\in\mathbb{Z}^+$，当$m,n>N$时有

$$\|x^{(n)}-x^{(m)}\|=\left(\sum_{k=1}^{\infty}|x_k^{(n)}-x_k^{(m)}|^p\right)^{\frac{1}{p}}<\varepsilon。\tag{3.2.1}$$

固定k，当$m,n>N$时

$$|x_k^{(n)}-x_k^{(m)}|\leqslant\|x^{(n)}-x^{(m)}\|<\varepsilon,$$

故$\{x_k^{(n)}\}$是实数集$\mathbb{R}$中的柯西列。由$\mathbb{R}$的完备性，$\exists x_k\in\mathbb{R}$，使得

$$x_k^{(n)}\to x_k(n\to\infty)。$$

设$x=(x_1,x_2,\cdots,x_k,\cdots)$，根据(3.2.1)式，$\forall l\in\mathbb{Z}^+$，当$m,n>N$时有

$$\sum_{k=1}^{l}|x_k^{(n)}-x_k^{(m)}|^p<\varepsilon^p,$$

令$m\to\infty$，当$n>N$时得到

$$\sum_{k=1}^{l}|x_k^{(n)}-x_k|^p\leqslant\varepsilon^p。$$

再设 $l\to\infty$,有

$$\|x^{(n)}-x\|=\left(\sum_{k=1}^{\infty}|x_k^{(n)}-x_k|^p\right)^{\frac{1}{p}}\leqslant\varepsilon,$$

即

$$x^{(n)}\to x(n\to\infty);$$

明显的 $x^{(n)}-x\in l^p$,故得到

$$x=x^{(n)}-(x^{(n)}-x)\in l^p,$$

从而得到 l^p 中的柯西列收敛到本身。因此 l^p 是巴拿赫空间。 证毕

3. 由距离导出的范数

我们已经知道对赋范空间$(X,\|\cdot\|)$,若定义

$$d(x,y)=\|x-y\|,$$

则(X,d)成为一个距离空间。反之,对于距离空间(X,d),若假设

$$\|x\|=d(x,\theta),$$

则 $\|\cdot\|$ 能使得 X 一定为赋范空间吗?答案是不一定。

例 3.2.8 对于线性空间 $C([a,b])$中的元素 $x(t)$与 $y(t)$,其距离为

$$d(x,y)=\max_{t\in[a,b]}|x(t)-y(t)|。$$

若假设

$$\|x(t)\|=d(x,\theta)=\max_{t\in[a,b]}|x(t)|,$$

则$(C([a,b]),\|\cdot\|)$为赋范空间。

例 3.2.9 对于序列空间中任意的实数列 $x=\{x_k\}_{k=1}^{\infty}$ 与 $y=\{y_k\}_{k=1}^{\infty}$,按距离

$$d(x,y)=\sum_{k=1}^{\infty}\frac{1}{2^k}\frac{|x_k-y_k|}{(1+|x_k-y_k|)}$$

及 $\|x\|=d(x,\theta)$不能成为赋范空间。

证 对于 $\|x\|=d(x,\theta)$,其中 θ 理解为零元素$(0,0,\cdots)$,取

$$x=(1,1,\cdots),$$

则

$$\|x\|=\sum_{k=1}^{\infty}\frac{1}{2^k}\frac{1}{(1+1)}=\frac{1}{2},$$

$$\|2x\|=\sum_{k=1}^{\infty}\frac{1}{2^k}\frac{2}{(1+2)}=\frac{2}{3},$$

所以

$$\|2x\| \neq 2\|x\|,$$

即$\|x\|=d(x,\theta)$不满足齐次性,因此序列空间按照$\|x\|=d(x,\theta)$不能成为赋范线性空间。 证毕

下面我们给出距离空间是赋范空间的一个充分条件。

定理 3.2.10 设 X 是实数集$\mathbb{R}$上的线性空间,d 为距离,假设$\forall x,y\in X$及$\forall a\in\mathbb{R}$满足下面的两条性质:

① $d(x-y,\theta)=d(x,y)$;

② $d(ax,\theta)=|a|d(x,0)$;

若设

$$\|x\|=d(x,\theta),$$

则$(X,\|\cdot\|)$为赋范空间。

证 (1) 正定性:明显的,$\|x\|=d(x,\theta)\geqslant 0$,并且

$$\|x\|=d(x,\theta)=0\Leftrightarrow x=\theta;$$

(2) 齐次性:由第二条性质得到$\|ax\|=d(ax,\theta)=|a|d(x,\theta)=|a|\cdot\|x\|$;

(3) 三角不等式:由距离的三角不等式及第一条性质得到

$$\begin{aligned}\|x+y\| &= d(x+y,\theta)\\ &\leqslant d(x+y,y)+d(y,\theta)\\ &= d(x,\theta)+d(y,\theta)\\ &= \|x\|+\|y\|,\end{aligned}$$

所以范数的三角不等式成立。故$(X,\|\cdot\|)$为赋范空间。 证毕

4. 有限维巴拿赫空间

泛函分析主要研究的是无限维的空间,但对于有限维的空间我们有非常好的性质。下面的证明读者可参考文献[2,4,7]。

定义 3.2.11 设$\|\cdot\|_1$与$\|\cdot\|_2$是线性空间 X 上的两个范数,若$\exists C_1$,$C_2>0$,使得$\forall x\in X$都有

$$C_1\|x\|_1\leqslant\|x\|_2\leqslant C_2\|x\|_1,$$

则称这两个范数等价。

定理 3.2.12 有限维线性空间 X 上的任意两个范数都是等价的。

证 (1) 设$\{\boldsymbol{e}_1,\boldsymbol{e}_2,\cdots,\boldsymbol{e}_n\}$是 X 上的一个基,$\forall \boldsymbol{x}=\sum_{k=1}^{n}x_k\boldsymbol{e}_k\in X$,定义

$$\|\boldsymbol{x}\|_2=\left(\sum_{k=1}^{n}|x_k|^2\right)^{\frac{1}{2}},$$

则$\|\boldsymbol{x}\|_2$是 X 上的一个范数。设$\|\boldsymbol{x}\|$是 X 上的任一范数,则

$$\|x\| = \left\|\sum_{k=1}^{n} x_k e_k\right\| \leqslant \sum_{k=1}^{n} |x_k| \|e_k\| \leqslant \left(\sum_{k=1}^{n} |x_k|^2\right)^{\frac{1}{2}} \left(\sum_{k=1}^{n} \|e_k\|^2\right)^{\frac{1}{2}}。$$

记 $C_2 = \left(\sum_{k=1}^{n} \|e_k\|^2\right)^{\frac{1}{2}}$,有

$$\|x\| \leqslant C_2 \left(\sum_{k=1}^{n} |x_k|^2\right)^{\frac{1}{2}} = C_2 \|x\|_2。$$

(2) 下面将证 $\exists C_1 > 0$,使得

$$\|x\| \geqslant C_1 \|x\|_2, \quad \forall x \in X,$$

即要证

$$\frac{\|x\|}{\|x\|_2} \geqslant C_1。$$

根据

$$\left\|\frac{1}{\|x\|_2} x\right\|_2 = 1,$$

而在 $\mathbb{R}^n$ 中,单位球面 S 是紧集,若定义 $f: \mathbb{R}^n \to \mathbb{R}$ 为

$$f(x_1, x_2, \cdots, x_n) = \left\|\sum_{k=1}^{n} x_k e_k\right\| = \|x\|,$$

则由

$$\begin{aligned} & |f(x_1, x_2, \cdots, x_n) - f(y_1, y_2, \cdots, y_n)| \\ = & |\|x\| - \|y\|| \leqslant \|x - y\| = \left\|\sum_{k=1}^{n} (x_k - y_k) e_k\right\| \\ \leqslant & \left(\sum_{k=1}^{n} |x_k - y_k|^2\right)^{\frac{1}{2}} \left(\sum_{k=1}^{n} \|e_k\|^2\right)^{\frac{1}{2}} = C_2 \|x - y\|_2, \end{aligned}$$

得到 f 是 S 上的连续函数,从而可取到最小值 $C_1 > 0$。由于

$$\frac{1}{\|x\|_2}(x_1, x_2, \cdots, x_n) \in S,$$

故有

$$f\left(\frac{1}{\|x\|_2} x_1, \frac{1}{\|x\|_2} x_2, \cdots, \frac{1}{\|x\|_2} x_n\right) = \left\|\frac{1}{\|x\|_2} x\right\| = \frac{\|x\|}{\|x\|_2} \geqslant C_1。$$

(3) 结合上面估计得到

$$C_1 \|x\|_2 \leqslant \|x\| \leqslant C_2 \|x\|_2, \quad \forall x \in X,$$

所以 $\|x\|$ 与 $\|x\|_2$ 等价。 证毕

定理 3.2.13 有限维赋范空间有下面的性质[8],p.33:

(a) 有限维赋范空间 X 是巴拿赫空间;

(b) 任一赋范线性空间的有限维子空间都是巴拿赫空间，从而也是闭子空间。

定理 3.2.14 对赋范空间 X，下列条件是等价的：

(1) X 是有限维的；

(2) X 中的有界集都是列紧集；

(3) X 中的有界闭集都是紧集；

(4) X 中的单位闭球 $\overline{B}_1(\theta)=\{x\in X: \|x\|\leqslant 1\}$ 是紧集；

(5) X 中的单位球面 $S=\{x\in X: \|x\|=1\}$ 是紧集。

下面列举几个反例。之前已经证明了 $x_n(t)=t^n(n\in\mathbb{Z}^+)$ 是 $C([0,1])$ 中的有界集但 $\{x_n\}$ 没有收敛子列；虽然赋范线性空间中任意的有限维子空间必是闭子空间，但是下面的例子说明一个无限维空间中存在不闭的线性子空间[6]。

例 3.2.15 赋范线性空间中存在不闭的线性子空间。

解 设 X 代表只有有限个非零坐标的数列 $x=\{x_1,x_2,\cdots\}$ 所组成的线性空间，并令

$$\|x\|=\left(\sum_{n=1}^{\infty}|x_n|^2\right)^{\frac{1}{2}},$$

则 X 是 l^2 的一个线性子空间。在 X 中取点列

$$x_1=(1,0,0,\cdots),x_2=\left(1,\frac{1}{2},0,\cdots\right),\cdots,\ x_n=\left(1,\frac{1}{2},\cdots,\frac{1}{2^{n-1}},0,\cdots\right),\cdots,$$

并假设 $x=\left(1,\frac{1}{2},\cdots,\frac{1}{2^{n-1}},\frac{1}{2^n},\cdots\right)\in l^2$，则

$$\|x_n-x\|=\left(\sum_{i=n}^{\infty}\left|\frac{1}{2^i}\right|^2\right)^{\frac{1}{2}}\to 0(n\to\infty),$$

即 $\{x_n\}$ 收敛于 x。由于 $x\notin X$，故 X 是 l^2 中的一个不闭的线性子空间。

3.3 有界线性算子

1. 有界线性算子

在第1章中已经定义了连续算子与线性算子，现在我们在赋范空间中重写连续算子的定义。

定义 3.3.1 设$(X,\|\cdot\|_X)$与$(Y,\|\cdot\|_Y)$是两个赋范空间，$T: X\to Y$ 是一个算子。如果 $\forall\varepsilon>0$，$\exists\delta>0$，使得

$$\|x-x_0\|_X<\delta\Rightarrow\|T(x)-T(x_0)\|_Y<\varepsilon,$$

那么我们称算子 T 为**连续算子**。

注 在不引起混乱的情况下,空间 X 与 Y 中的范数都简记为 $\|\cdot\|$。

定义 3.3.2 设空间 X 与 Y 是赋范空间,$T:X\to Y$ 是算子。若 $\exists M>0$,使得

$$\|Tx\|\leqslant M\|x\|,\quad \forall x\in X,$$

则称 T 为**有界算子**。

例 3.3.3 有限维空间中的线性算子一定是有界算子。

证 设 $(X,\|\cdot\|_1)$ 为 n 维赋范空间,Y 是任意的赋范空间,$T:X\to Y$ 是线性算子,并假设 $\{\boldsymbol{e}_1,\boldsymbol{e}_2,\cdots,\boldsymbol{e}_n\}$ 是 X 上的一个基,则 $\forall \boldsymbol{x}\in X$,$\exists x_k\in\mathbb{R}$ 有

$$\boldsymbol{x}=\sum_{k=1}^{n}x_k\boldsymbol{e}_k。$$

令

$$\|\boldsymbol{x}\|_2=\left(\sum_{k=1}^{n}|x_k|^2\right)^{1/2},$$

则 $\|\boldsymbol{x}\|_2$ 也是 X 上的一个范数。由 T 的线性性质和赫尔德不等式可知

$$\begin{aligned}\|T\boldsymbol{x}\|&=\left\|\sum_{k=1}^{n}x_kT\boldsymbol{e}_k\right\|\leqslant\sum_{k=1}^{n}|x_k|\,\|T\boldsymbol{e}_k\|\\&\leqslant\left(\sum_{k=1}^{n}\|T\boldsymbol{e}_k\|^2\right)^{\frac{1}{2}}\left(\sum_{k=1}^{n}|x_k|^2\right)^{\frac{1}{2}}\leqslant C\|\boldsymbol{x}\|_2,\end{aligned}$$

其中

$$C=\left(\sum_{k=1}^{n}\|T\boldsymbol{e}_k\|^2\right)^{\frac{1}{2}}。$$

根据有限维线性空间中任意两个范数等价,存在 $C'>0$ 使得

$$\|\boldsymbol{x}\|_2\leqslant C'\|\boldsymbol{x}\|_1,$$

从而有

$$\|T\boldsymbol{x}\|\leqslant CC'\|\boldsymbol{x}\|_1,\quad\forall\boldsymbol{x}\in X,$$

因而 T 是有界的。 证毕

例 3.3.4 $\forall x\in C([a,b])$,定义

$$f(x)=\int_a^b x(t)\mathrm{d}t,$$

则 f 是定义域 $C([a,b])$ 上的有界线性泛函。

证 显然 f 是线性泛函;$\forall x\in C([a,b])$,

$$\begin{aligned}|f(x)|&=\left|\int_a^b x(t)\mathrm{d}t\right|\leqslant\int_a^b|x(t)|\,\mathrm{d}t\\&\leqslant\int_a^b\max_{t\in[a,b]}|x(t)|\,\mathrm{d}t=(b-a)\|x\|,\end{aligned}$$

故 f 是定义域 $C([a,b])$ 上的有界线性泛函。 证毕

现在给出有界线性算子最基本的一个性质。

定理 3.3.5 设空间 X 与 Y 是赋范空间，$T:X\to Y$ 为线性算子。T 为有界算子的充要条件为 T 是连续算子。

证 必要性：因为 T 为有界线性算子，所以 $\exists M>0$，当 $x_n\to x$ 时

$$\|Tx_n-Tx\|=\|T(x_n-x)\|\leqslant M\|x_n-x\|\to 0(n\to\infty),$$

即 $Tx_n\to Tx$，因此 T 连续。

充分性：当 T 连续时，反设 T 无界，则可设存在点列$\{x_n\}$满足

$$\|Tx_n\|\geqslant n\|x_n\|。$$

若设 $y_n=\dfrac{x_n}{n\|x_n\|}$，则

$$\|y_n\|=\left\|\frac{x_n}{n\|x_n\|}\right\|=\frac{\|x_n\|}{n\|x_n\|}=\frac{1}{n}\to 0,$$

由 T 的连续知 $\|Ty_n\|=\|Ty_n-T\theta\|\to 0$；但是

$$\|Ty_n\|=T\left(\frac{x_n}{n\|x_n\|}\right)=\frac{1}{n\|x_n\|}T(x_n)\geqslant\frac{n\|x_n\|}{n\|x_n\|}=1,$$

与 $\|Ty_n\|\to 0$ 矛盾。因此 T 为有界算子。 证毕

2. 无界算子

首先给出无界算子的定义。

定义 3.3.6 设空间 X 与 Y 是赋范空间，$T:X\to Y$ 为算子。若 $\forall M>0$，$\exists x\in X$ 使得

$$\|T(x)\|\geqslant M\|x\|,$$

则称 T 为无界算子。

下面举一个无界算子的例子。

例 3.3.7 设 $P([0,1])$为区间$[0,1]$上多项式的全体，对于 $x\in P([0,1])$使用范数

$$\|x\|=\max_{t\in[0,1]}|x(t)|,$$

及定义算子

$$(Tx)(t)=\frac{\mathrm{d}}{\mathrm{d}t}x(t),$$

则算子 T 是一个无界线性算子。

证 (1) $\forall x,y\in P([0,1])$及$\forall a,b\in\mathbb{R}$有

$$T(ax+by)=\frac{\mathrm{d}}{\mathrm{d}t}(ax+by)=aTx+bTy,$$

故 T 是一个线性算子。

(2) $\forall M>0$,取 $x=t^{M+1}$,则有

$$\| x \| = \max_{t\in[0,1]} | t^{M+1} | = 1。$$

又因为

$$\| Tx \| = \| (M+1)t^M \| = \max_{t\in[0,1]} | (M+1)t^M | = M+1 > M \| x \|,$$

故 T 是无界算子。 证毕

3. 线性算子在应用中的几个例子

例 3.3.8(线性系统[5],p.90) 设 T 是一个离散—离散线性系统,假设输入信号为 $x=\{\xi_k\}_{k\in\mathbf{Z}^+}$,其输出 $y=\{\eta_k\}_{k\in\mathbf{Z}^+}$。假如输入和输出都是能量有限的离散信号,则 T 就是 $l^2(\mathbb{Z}^+)$到 $l^2(\mathbb{Z}^+)$的线性算子,这里

$$l^2(\mathbb{Z}^+) = \left\{ x = \{\xi_k\}_{k\in\mathbf{Z}^+} : \| x \|^2 = \sum_{k\in\mathbf{Z}^+} | \xi_k |^2 < +\infty \right\}。$$

假定 T 是平移不变的,也就是说:对于任意的 $x=\{\xi_k\}_{k\in\mathbf{Z}^+}$ 和任意的 $j\in\mathbb{Z}^+$,$Tx^j=y^j$,其中 $x^j=\{\xi_{k-j}\}_{k\in\mathbf{Z}^+}$,$y^j=\{\eta_{k-j}\}_{k\in\mathbf{Z}^+}$;同时还假设对于单位脉冲 $\{\delta_k\}_{k\in\mathbf{Z}^+}$,其输出(脉冲响应)为 $h=\{h_k\}_{k\in\mathbf{Z}^+}$,则对于任意的 $x=\{\xi_k\}_{k\in\mathbf{Z}^+}$,由 $\xi_k=\sum_{j\in\mathbf{Z}^+}\xi_j\delta_{k-j}$ 以及 T 的线性性质可知

$$Tx = x * h = \left\{ \sum_{j\in\mathbf{Z}^+} \xi_{k-j} h_j \right\}_{k\in\mathbf{Z}^+};$$

这里 $x*h$ 称为 x 和 h 的卷积,根据卷积性质可知 T 还是 $l^2(\mathbb{Z}^+)$到 $l^2(\mathbb{Z}^+)$的有界算子。

例 3.3.9(人口演化问题[10],p.13) 设 $P(a,t)$为在时间 t 时年龄为 a 的人口密度,$D(a)$与 $B(a)$分别为年龄为 a 的人群的死亡率与生育率,$P_0(a)$为人口初始分布密度,m 为最大存活年龄,人口演化模型如下:

$$\begin{cases} \dfrac{\partial P(a,t)}{\partial a} + \dfrac{\partial P(a,t)}{\partial t} + D(a)P(a,t) = 0, \\ P(0,t) = \displaystyle\int_0^m B(a)P(a,t)\mathrm{d}a, t > 0, \\ P(a,0) = P_0(a), 0 \leqslant a \leqslant m。 \end{cases}$$

另外,我们设死亡率与生育率满足下面的条件:

$$\begin{cases} D(a) \geqslant 0, a \in [0,m], \\ \displaystyle\int_0^a D(s)\mathrm{d}s < +\infty, a \in [0,m), \\ \displaystyle\int_0^m D(s)\mathrm{d}s = +\infty, \end{cases}$$

$$\begin{cases} B(a) \geqslant 0, a \in [0,m], \\ B(\cdot) \in C([0,m]), \\ \operatorname{supp}(B) = [a_1, a_2] \subset (0,m), \end{cases}$$

这里的 $\operatorname{supp}(B)$是使得函数 B 的值不为零的自变量的集合,$[a_1,a_2]$为妇女的生育时间段。另外,这里的生育率 $B(a)$可以看作一个控制,计划生育等手段就是通过改变生育率来控制人口增长的。

定义无限维空间

$$L^1((0,m)) = \left\{ f(t):(0,m) \to \mathbb{R} : \int_0^m |f(s)| \mathrm{d}s < +\infty \right\},$$

则可把 $P(a,t)$看成是 $L^1((0,m))$中演化的变量,即 $P(\cdot,t) \in L^1((0,m))$。下面我们把上面的演化模型写成算子的形式。定义线性算子 A 如下:

$$A\varphi = -\varphi'(a) - D(a)\varphi(a),$$

其定义域为

$$\left\{ \varphi \in L^1((0,m)) : A\varphi \in L^1((0,m)), \varphi(0) = \int_0^m B(s)\varphi(s)\mathrm{d}s \right\},$$

此时演化模型可以写成下面的发展方程的形式:

$$\begin{cases} \dfrac{\mathrm{d}P}{\mathrm{d}t} = AP, \\ P(0) = P_0。 \end{cases}$$

我们可以看出,在分布参数系统的研究中,勒贝格积分、巴拿赫空间、线性算子与算子方程等泛函分析的基本概念与工具起到了重要的作用。

3.4 算子空间

本节继续研究有界线性算子的性质。我们将要说明有界线性算子的集合也是一个线性空间,并当算子赋予范数后,此线性空间还是赋范线性空间。

1. 算子的范数

定义 3.4.1 设 X,Y 是赋范空间,$T:X \to Y$ 是线性有界算子,设

$$\| T \| = \sup_{x \neq \theta} \frac{\| Tx \|}{\| x \|},$$

称 $\| T \|$ 为算子 T 的**范数**。

注 根据上面的定义,我们得到

$$\| Tx \| \leqslant \| T \| \| x \|, \quad \forall x \in X。$$

后面我们还要证明 $\| T \|$ 确实满足范数的 3 个性质。

定理 3.4.2 设 X,Y 是赋范空间，$T:X\to Y$ 是线性有界算子，则

$$\|T\| = \sup_{\|x\|\leqslant 1}\|Tx\| = \sup_{\|x\|=1}\|Tx\|。$$

证 (1) 对于任意非零 $x_0\in X$，设 $y=x_0/\|x_0\|$，则 $\|y\|=1$，所以

$$\frac{\|Tx_0\|}{\|x_0\|} = \|Ty\| \leqslant \sup_{\|x\|=1}\|Tx\|。$$

再根据 x_0 的任意性，得到

$$\|T\| = \sup_{x\neq\theta}\frac{\|Tx\|}{\|x\|} \leqslant \sup_{\|x\|=1}\|Tx\|。$$

(2) 由算子的性质得到

$$\|T\| = \sup_{x\neq\theta}\frac{\|Tx\|}{\|x\|} \geqslant \sup_{\|x\|\leqslant 1}\|Tx\| \geqslant \sup_{\|x\|=1}\|Tx\|。$$

结合以上两方面得到我们的结论。 证毕

下面我们具体地求算子的范数。设 X,Y 是赋范空间，$T:X\to Y$ 是线性有界算子，不妨设

$$\|Tx\| \leqslant M\|x\|,$$

由此可得

$$\|T\| = \sup_{x\neq\theta}\frac{\|Tx\|}{\|x\|} \leqslant M,$$

故算子 T 的范数是满足 $\|Tx\|\leqslant M\|x\|$ 的所有 M 的下确界。

例 3.4.3 定义算子 $T:C([a,b])\to C([a,b])$ 如下：

$$(Tx)(t) = \int_a^t x(s)\mathrm{d}s,$$

求证 $\|T\| = b-a$。

证 $\forall x(t)\in C([a,b])$ 我们有

$$\begin{aligned}\|Tx\| &= \max_{t\in[a,b]}|Tx| = \max_{t\in[a,b]}\left|\int_a^t x(s)\mathrm{d}s\right| \leqslant \max_{t\in[a,b]}\int_a^t |x(s)|\mathrm{d}s \\ &= \int_a^b |x(s)|\mathrm{d}s \leqslant \int_a^b \max_{t\in[a,b]}|x(t)|\mathrm{d}s = (b-a)\|x\|,\end{aligned}$$

所以 $\|T\|\leqslant b-a$。

另外，取 $x_0(t)=1(\forall t\in[a,b])$，则

$$\|x_0\| = \max_{t\in[a,b]}|x_0(t)| = 1,$$

根据定义得到

$$\|T\| = \sup_{\|x\|=1}\|Tx\| \geqslant \|Tx_0\| = \max_{t\in[a,b]}\left|\int_a^t x_0(s)\mathrm{d}s\right| = b-a,$$

故 $\|T\| = b-a$。 证毕

下面我们给出矩阵确定的算子的范数,其证明可参考文献[5]或者文献[7]。

例 3.4.4 设 $\boldsymbol{A}=(a_{ij})_{m\times n}$ 为 $m\times n$ 实矩阵,对于任意的 $\boldsymbol{x}=(x_1,x_2,\cdots,x_n)^{\mathrm{T}}$,定义矩阵 $\boldsymbol{A}$ 所对应的线性算子 $T:\mathbb{R}^n\to\mathbb{R}^m$ 如下

$$T\boldsymbol{x}=\boldsymbol{A}\boldsymbol{x},$$

若在$\mathbb{R}^n$ 中使用下面不同的范数

$$\|\boldsymbol{x}\|_p=\begin{cases}\left(\sum\limits_{j=1}^{n}|x_j|^p\right)^{1/p}, & 1\leqslant p<+\infty,\\ \max\limits_{1\leqslant j\leqslant n}|x_j|, & p=+\infty,\end{cases}$$

则算子 T 的范数为

$$\|T\|=\begin{cases}\max\limits_{1\leqslant j\leqslant n}\sum\limits_{i=1}^{m}|a_{ij}|, & p=1,\\ \max\limits_{1\leqslant j\leqslant n}\sqrt{|\lambda_j|}, & p=2,\\ \max\limits_{1\leqslant i\leqslant m}\sum\limits_{j=1}^{n}|a_{ij}|, & p=+\infty,\end{cases}$$

其中 $\lambda_j(j=1,2,\cdots,n)$为 $\boldsymbol{A}^{\mathrm{T}}\boldsymbol{A}$ 的特征值。

例 3.4.5 对于矩阵 $\boldsymbol{A}=\begin{pmatrix}1&2\\2&1\end{pmatrix}$,线性算子 $T:\mathbb{R}^2\to\mathbb{R}^2$ 定义如下

$$T\boldsymbol{x}=\boldsymbol{A}\boldsymbol{x},$$

求算子 T 的范数。

解 因为矩阵 $\boldsymbol{A}$ 是对称阵,所以当 $\boldsymbol{A}$ 的特征值为 $\lambda_j(j=1,2)$时,

$$\|T\|=\max_{j=1,2}|\lambda_j|。$$

根据

$$|\boldsymbol{A}-\lambda\boldsymbol{E}|=\begin{vmatrix}1-\lambda&2\\2&1-\lambda\end{vmatrix}=(\lambda+1)(\lambda-3)=0,$$

得 $\lambda_1=-1,\lambda_2=3$,所以 $\|T\|=3$。

2. 共轭空间

定理 3.4.6 设 X,Y 是赋范空间,从 X 到 Y 的有界线性算子的全体记为 $B(X,Y)$。

(1) $B(X,Y)$按算子范数成为一个线性空间,称为**有界线性算子空间**;

(2) $B(X,Y)$按算子范数成为一个赋范空间;

(3) 若 Y 是巴拿赫空间,则 $B(X,Y)$也是巴拿赫空间。

证 (1) 对于任意的 $T_1,T_2\in B(X,Y)$,以及 $\forall x\in X$ 与 $\forall a\in\mathbb{R}$,定义线性

运算如下：

$$(T_1+T_2)x=T_1x+T_2x,$$

$$(aT_1)x=a(T_1x),$$

则有

$$\begin{aligned}\|(T_1+T_2)x\|&=\|T_1x+T_2x\|\leqslant\|T_1x\|+\|T_2x\|\\&\leqslant\|T_1\|\cdot\|x\|+\|T_2\|\cdot\|x\|\\&=(\|T_1\|+\|T_2\|)\|x\|,\end{aligned}$$

根据 $T_1,T_2\in B(X,Y)$得到 $T_1+T_2\in B(X,Y)$，并且

$$\|T_1+T_2\|\leqslant\|T_1\|+\|T_2\|。$$

另外，

$$\begin{aligned}\|aT_1\|&=\sup_{\|x\|=1}\|(aT_1)x\|=\sup_{\|x\|=1}\|a(T_1x)\|\\&=|a|\sup_{\|x\|=1}\|(T_1x)\|=|a|\ \|T_1\|;\end{aligned}$$

所以 $aT_1\in B(X,Y)$，并且

$$\|aT_1\|=|a|\ \|T_1\|,$$

因此 $B(X,Y)$为一个线性空间。

(2) 由(1)中的证明我们已经知道 $\|T\|$ 满足范数的三角不等式以及齐次性，下面我们验证正定性。显然，$\|T\|\geqslant0$；若 $\|T\|=0$，则 $\forall x\in X$，根据定义有

$$\|Tx\|\leqslant\|T\|\ \|x\|=0,$$

从而有 $Tx\equiv\theta$，再由 x 的任意性知 $T=\theta$，即 T 为零算子；若 $T=\theta$，则有

$$\|T\|=\sup_{\|x\|=1}\|Tx\|=\sup_{\|x\|=1}\|\theta\|=0,$$

所以 $\|T\|=0\Leftrightarrow T=\theta$。因此 $B(X,Y)$按算子范数成为一个赋范空间。

(3) 设$\{T_n\}$是 $B(X,Y)$中的柯西列，则 $\forall\varepsilon>0$，$\exists N\in\mathbb{Z}^+$，当 $m,n>N$ 时有

$$\|T_m-T_n\|<\varepsilon。$$

此时，对于 $x\in X$，有

$$\begin{aligned}\|T_mx-T_nx\|&=\|(T_m-T_n)x\|\\&\leqslant\|T_m-T_n\|\ \|x\|<\varepsilon\|x\|,\end{aligned}\tag{3.4.1}$$

所以当 x 固定后，$\{T_nx\}$是 Y 中的柯西列。再由 Y 的完备性知 $\exists y\in Y$，使得

$$T_nx\to y。$$

定义算子 $T:X\to Y$ 为

$$Tx=y=\lim_{n\to\infty}T_nx,$$

根据$\{T_n\}$的线性性质，易知 T 是一个线性算子，下面将证明：$T_n\to T$。

在(3.4.1)式中令 $m\to\infty$，由范数的连续性得到

$$\|(T_n-T)x\|\leqslant\varepsilon\|x\|,$$

故根据算子范数定义有

$$\| T_n - T \| = \sup_{\| x \| = 1} \| (T_n - T)x \| \leqslant \varepsilon,$$

从而有 $T_n - T \in B(X,Y)$ 并且

$$\lim_{n\to\infty} \| T_n - T \| = 0。$$

最后，由 $T_n, T_n - T \in B(X,Y)$ 得

$$T = (T - T_n) + T_n \in B(X,Y),$$

故 $B(X,Y)$ 是巴拿赫空间。 证毕

定义 3.4.7 赋范空间 X 上的全体有界线性泛函形成的巴拿赫空间 $B(X,\mathbb{R})$ 称为 X 的**共轭空间**(或**对偶空间**)，记作 X^*。

例 3.4.8 $\mathbb{R}^n$ 的共轭空间是 $\mathbb{R}^n$；l^1 的共轭空间是 l^∞；l^p 的共轭空间是 l^q，其中

$$l < p < +\infty, \quad \frac{1}{p} + \frac{1}{q} = 1。$$

我们再以 $L^p([a,b])$ 空间为例给出共轭空间的具体意义，其证明可参考文献[2,7]。

定义 3.4.9 设 X,Y 是赋范空间，$T:X\to Y$ 是线性算子，若 $\forall x \in X$ 有

$$\| Tx \| = \| x \|,$$

则称 $T:X\to Y$ 是**保距算子**；如果 T 又是满射，那么称 T 是**同构映射**，此时称 X 与 Y 同构。

注 由于同构映射保持线性运算及范数不变，所以撇开 X 与 Y 中元素的具体内容，可以将 X 与 Y 看成同一个抽象空间而不加以区别，在这个意义下我们认为 $X=Y$。

例 3.4.10 $L^p([a,b])$ 的对偶空间是 $L^q([a,b])$，即 $\forall f \in (L^p([a,b]))^*$，存在唯一的 $y \in L^q([a,b])$，使得

$$f(x) = \int_a^b x(t) y(t) \mathrm{d}t, \quad \forall x \in L^p([a,b]),$$

且 $\| f \| = \| y \|$，其中 $1 < p < +\infty, \frac{1}{p} + \frac{1}{q} = 1$。

注 在上例中，定义 $T:(L^p([a,b]))^* \to L^q([a,b])$ 如下：

$$Tf = y,$$

则 T 是线性保距满射算子，即 T 是同构映射(请看文献[8]，p.126)，所以

$$(L^p([a,b]))^* = L^q([a,b])。$$

例 3.4.11 设 $1 < p < +\infty, 0 < \alpha < p$，$\forall u \in L^p([0,1])$ 定义

$$f(u) = \int_0^1 u(x^\alpha) \mathrm{d}x,$$

证明 $f\in(L^p([0,1]))^*$，并求 $\|f\|$[7]。

证 设 $x^\alpha=t$ 及 $v(t)=\frac{1}{\alpha}t^{\frac{1}{\alpha}-1}$，得到

$$f(u)=\int_0^1 u(t)\,\frac{1}{\alpha}t^{\frac{1}{\alpha}-1}\,\mathrm{d}t=\int_0^1 u(t)v(t)\,\mathrm{d}t,$$

根据

$$\|v\|=\frac{1}{\alpha}\left[\int_0^1 t^{\left(\frac{1}{\alpha}-1\right)q}\,\mathrm{d}t\right]^{1/q}=\frac{1}{\alpha}\left[\frac{\alpha(p-1)}{p-\alpha}\right]^{1/q}<+\infty,$$

得到 $v\in L^q([0,1])$，故有 $f\in(L^p([0,1]))^*$，并且

$$\|f\|=\|v\|=\frac{1}{\alpha}\left[\frac{\alpha(p-1)}{p-\alpha}\right]^{1/q}。$$

证毕

例 3.4.12（**力学中的对偶性和能量**[11],p.92） 设 $\boldsymbol{u}(x,t)$ 是连续体 Ω 在时间 t 时一质点 x 的位移向量，ρ 是连续体的密度，$\boldsymbol{f}(x,t)$ 是在时间 t 时作用在质点 x 上的单位质量体积力，并假设体积力是重力，那么体积力的重力势能为

$$V(\boldsymbol{f},\boldsymbol{u})=-\int_\Omega \rho(\boldsymbol{f}\cdot\boldsymbol{u})\,\mathrm{d}x,$$

其中 $\boldsymbol{f}\cdot\boldsymbol{u}$ 是通常 $\mathbb{R}^3$ 中的向量 $\boldsymbol{f}$ 与 $\boldsymbol{u}$ 的数量积。假设 X 是连续体 Ω 的位移场的线性向量空间，并赋予范数

$$\|\boldsymbol{u}\|=\left(\int_\Omega \boldsymbol{u}\cdot\boldsymbol{u}\,\mathrm{d}x\right)^{1/2},$$

则重力势能 V 就是 X 上的连续线性泛函。此时 $-\rho\boldsymbol{f}\in X^*$，其中 X^* 为体积力空间，并且

$$\|\rho\boldsymbol{f}\|=\sup_{\boldsymbol{u}\neq\boldsymbol{0}}\frac{|V(\boldsymbol{f},\boldsymbol{u})|}{\|\boldsymbol{u}\|}。$$

3. 第二共轭空间与自反空间

定义 3.4.13 对于赋范空间 X，设 X^* 为 X 的共轭空间，X^* 的共轭空间 $(X^*)^*$ 称为 X 的**第二共轭空间**（或者**第二对偶空间**），记作 X^{**}。

定义 3.4.14 对于赋范空间 X，固定 $x\in X$，定义

$$J(f)=f(x),\quad \forall f\in X^*,$$

称算子 J 为**自然映射**。

定理 3.4.15 $J\in X^{**}$ 且 $\|J\|\leqslant\|x\|$。

证 $\forall f,g\in X^*$ 及 $\alpha,\beta\in\mathbb{R}$，有

$$J(\alpha f+\beta g)=(\alpha f+\beta g)(x)=\alpha f(x)+\beta g(x)=\alpha J(f)+\beta J(g),$$

故 J 是线性的。再由

$$|J(f)|=|f(x)|\leqslant\|x\|\,\|f\|,$$

知 $\|J\| \leqslant \|x\|$，所以 $J: X^* \to \mathbb{R}$ 是有界线性泛函。 证毕

定理 3.4.16 任一赋范空间 X 与其第二共轭空间 X^{**} 的某一子空间同构，并有

$$X \subset X^{**}。$$

定义 3.4.17 对于赋范空间 X，若映射 $J: X \to X^{**}$ 是满射，即

$$J(X) = X^{**},$$

则称 X 为**自反空间**，记作 $X = X^{**}$。

例 3.4.18 $\mathbb{R}^n, l^p, L^p([a,b])$ 都是自反空间，例如

$$(L^p([a,b]))^{**} = ((L^p([a,b]))^*)^* = (L^q([a,b]))^* = L^p([a,b]),$$

其中 $1 < p < +\infty, \dfrac{1}{p} + \dfrac{1}{q} = 1$。

例 3.4.19 $l^1, L^1(\Omega)$ 不是自反空间[7],p.154。

3.5 弱收敛

我们知道，在无限维赋范空间中有界集不一定有收敛子列，或者说无限维赋范空间的单位闭球不是紧集，因此我们需要定义较弱的收敛性，以便应用到实际问题中得到我们想要的结论。

定义 3.5.1 设 X 是赋范空间，$\{x_n\} \subset X$，若 $\exists x \in X$，使得 $\forall f \in X^*$ 有

$$f(x_n) \to f(x) \quad (n \to \infty),$$

则称点列 x_n **弱收敛**于 x，并把 x 称为 x_n 的**弱极限**，记作

$$x_n \xrightarrow{\text{w}} x \quad (n \to \infty)。$$

注 相应地，之前的 $\{x_n\} \subset X$ 依范数收敛于 x（$\|x_n - x\| \to 0$）也称为**强收敛**，仍记作

$$x_n \to x \quad (n \to \infty)。$$

强收敛的极限是唯一的，弱收敛也会有同样的结论。其证明需要应用巴拿赫空间中的几个基本定理，故下面的定理留作后面章节的习题。

定理 3.5.2 设 X 是赋范空间，点列 $\{x_n\} \subset X$ 弱收敛于 x，则

(1) 弱极限 x 唯一；

(2) $\{x_n\}$ 有界。

定理 3.5.3 强收敛与弱收敛的关系为：

(1) 强收敛一定弱收敛；

(2) 弱收敛不一定强收敛；

(3) 有限维空间中弱收敛与强收敛等价。

证 (1) 设 X 是赋范空间,若 $x_n \to x$,则 $\forall f \in X^*$,由

$$|f(x_n) - f(x)| = |f(x_n - x)| \leqslant \|f\| \|x_n - x\| \to 0,$$

得到 x_n 弱收敛于 x。

(2) 在空间 l^2 中,取 $e_n = (0,\cdots,0,1,0,\cdots)$,那么 $\|e_n\| = 1$,故 $\{e_n\}$ 不强收敛于零。但是,对于任意的 $f = \{f_n\} \in (l^2)^* = l^2$,有

$$f(e_n) = \sum_{n=1}^{\infty} f_n e_n = f_n \to 0 \quad (n \to \infty),$$

所以 $\{e_n\}$ 弱收敛于零。

(3) 只需要证明有限维空间 X 中的弱收敛是强收敛。设 $\boldsymbol{x}_n \xrightarrow{\text{w}} \boldsymbol{x}(n \to \infty)$,$X$ 的基设为 $\{\boldsymbol{e}_1, \boldsymbol{e}_2, \cdots, \boldsymbol{e}_m\}$,并设

$$\boldsymbol{x}_n = \xi_1^{(n)} \boldsymbol{e}_1 + \xi_2^{(n)} \boldsymbol{e}_2 + \cdots + \xi_m^{(n)} \boldsymbol{e}_m,$$

$$\boldsymbol{x} = \xi_1 \boldsymbol{e}_1 + \xi_2 \boldsymbol{e}_2 + \cdots + \xi_m \boldsymbol{e}_m.$$

则 $\forall f \in X^*$,有

$$f(\boldsymbol{x}_n) \to f(\boldsymbol{x}) \quad (n \to \infty)。$$

定义

$$f_i(\boldsymbol{e}_j) = \delta_{ij} = \begin{cases} 1, & i = j, \\ 0, & i \neq j, \end{cases}$$

$$f_i(\boldsymbol{x}) = \xi_1 f_i(\boldsymbol{e}_1) + \xi_2 f_i(\boldsymbol{e}_2) + \cdots + \xi_m f_m(\boldsymbol{e}_m) = \xi_i,$$

则 $f_i \in X^*$,根据弱收敛有

$$\xi_i^{(n)} = f_i(\boldsymbol{x}_n) \to f_i(\boldsymbol{x}) = \xi_i (n \to \infty),$$

从而根据范数的三角不等式有

$$\begin{aligned} \|\boldsymbol{x}_n - \boldsymbol{x}\| &= \left\| \sum_{i=1}^{m} (\xi_i^{(n)} - \xi_i) \boldsymbol{e}_i \right\| \leqslant \sum_{i=1}^{m} \|(\xi_i^{(n)} - \xi_i) \boldsymbol{e}_i\| \\ &\leqslant \sum_{i=1}^{m} |\xi_i^{(n)} - \xi_i| \, \|\boldsymbol{e}_i\| \to 0, \end{aligned}$$

即 $\{\boldsymbol{x}_n\}$ 强收敛于 $\boldsymbol{x}$。 证毕

我们定义自反空间的最重要作用之一就是下面的定理(其证明可参考文献[8],p. 147)。

定理 3.5.4 自反空间中的有界点列必有弱收敛子列。

注 在后面的章节中,可以知道,一个弱收敛的点列附加适当的条件就可以得到强收敛。

下面我们仿照 X 上的弱收敛的定义给出 X^* 上的弱收敛的定义,相关的证明与性质可参考文献[2,7,8]等。

定义 3.5.5 设 X 是赋范空间,泛函序列$\{f_n\}\subset X^*$,$f\in X^*$。若$\forall x^{**}\in X^{**}$有

$$x^{**}(f_n)\to x^{**}(f)\quad(n\to\infty),$$

则称泛函序列 f_n **弱收敛于** f,并把 f 称为 f_n 的**弱极限**。

定义 3.5.6 设 X 是赋范空间,泛函序列$\{f_n\}\subset X^*$,$f\in X^*$。若$\forall x\in X$,有

$$f_n(x)\to f(x)\quad(n\to\infty),$$

则称泛函序列 f_n **∗弱收敛于** f,并把 f 称为 f_n 的**∗弱极限**。

注 根据 $X\subset X^{**}$,X^* 上的弱收敛蕴含 X^* 上的∗弱收敛,而且当 X 是一个自反空间时,弱收敛与∗弱收敛等价。

3.6 紧算子

什么算子能够把有界集映为列紧集呢?这就是本节将要学习的一个非常重要的算子——紧算子。

定义 3.6.1 设 X,Y 是赋范空间,若算子 $T:X\to Y$ 把 X 中的有界集映成 Y 中的列紧集,则称 T 为**紧算子**。

定理 3.6.2 设 X,Y 是赋范空间,线性算子 $T:X\to Y$ 的以下性质等价:

(1) $T:X\to Y$ 为紧算子;

(2) 对于 X 中的有界点列$\{x_n\}$,$\{Tx_n\}$有收敛子列;

(3) T 把 X 中的单位球 $B_1(\theta)=\{x\in X:\|x\|<1\}$映成 Y 中的列紧集。

证 我们只需要证明(3)⇒(1)。设 $A\subset X$ 为有界集,即存在常数 $M>0$ 使得

$$\|x\|<M,\quad\forall x\in A。$$

设 $x_n\in A$,因为

$$\frac{1}{M}(Tx_n)=T\left(\frac{x_n}{M}\right)\in T(B_1(\theta)),$$

根据 $T(B_1(\theta))$列紧,得到$\frac{1}{M}(Tx_n)$存在子列$\frac{1}{M}(Tx_{n_k})$,即 Tx_{n_k} 是 Tx_n 的收敛子列。故 $T:X\to Y$ 为紧算子。 证毕

下面我们给出几个紧算子的判定定理及例子。

定理 3.6.3 设 X,Y 是赋范空间,$T\in B(X,Y)$,若算子 T 的值域是有限维的,即

$$\dim(R(T))<+\infty,$$

则 T 为紧算子。

证 根据 T 为线性有界算子，$\forall x\in B_1(\theta)$，有

$$\|Tx\|\leqslant\|T\|\|x\|\leqslant\|T\|<+\infty,$$

所以 $T(B_1(\theta))$ 是有界集。再由 $\dim(R(T))<+\infty$，得到 $T(B_1(\theta))$ 是列紧集，故 T 为紧算子。 证毕

注 赋范空间上的有界线性泛函是紧算子。这是因为有界线性泛函的值域在有限维空间 $\mathbb{R}$ 中，从而是紧算子。

另外，紧算子还有如下的一些性质。

定理 3.6.4 设 X,Y,Z 是赋范空间，$T_1\in B(X,Y)$，$T_2\in B(Y,Z)$，并且 T_1，T_2 中至少有一个是紧算子，则算子 $T_2T_1=T_2\circ T_1:X\to Z$ 为紧算子。

证 不妨设 $T_1\in B(X,Y)$ 为紧算子，则对于 X 中的有界集合 A，$T_1(A)$ 为 Y 中的列紧集。再根据连续算子 T_2 把列紧集映成列紧集，所以 $T_2T_1(A)$ 为 Z 中列紧集。 证毕

定理 3.6.5 设 X 是赋范空间，Y 是巴拿赫空间，算子列 $T_n:X\to Y$ 为紧线性算子。若

$$\|T_n-T\|\to 0,\quad n\to\infty,$$

则 T 为紧算子。

证 (1) 对于 X 中的任意有界点列 $\{x_n\}$，即存在常数 $M>0$ 使得

$$\|x_n\|\leqslant M,\quad \forall n\in\mathbb{Z}^+,$$

我们需要证明 $\{Tx_n\}$ 有收敛子列。

(2) 根据 T_1 为紧线性算子，从 $\{T_1x_n\}$ 中可选取收敛子列 $\{T_1x_n^{(1)}\}$；再根据 $\{x_n^{(1)}\}$ 为有界点列及 T_2 为紧线性算子，从 $\{T_2x_n^{(1)}\}$ 中可选取收敛子列 $\{T_2x_n^{(2)}\}$，并且 $\{T_1x_n^{(2)}\}$ 仍然收敛；继续这个步骤，得到 $\{x_n\}$ 的子序列的序列：

$$\begin{array}{l}
x_1^{(1)},x_2^{(1)},x_3^{(1)},\cdots\\
x_1^{(2)},x_2^{(2)},x_3^{(2)},\cdots\\
x_1^{(3)},x_2^{(3)},x_3^{(3)},\cdots\\
\vdots\quad\ \vdots\quad\ \vdots\\
x_1^{(n)},x_2^{(n)},x_3^{(n)},\cdots\\
\vdots\quad\ \vdots\quad\ \vdots
\end{array}$$

取对角线序列：

$$x_1^{(1)},x_2^{(2)},x_3^{(3)},\cdots,x_n^{(n)},\cdots,$$

则 $\forall i$，$\{T_ix_n^{(n)}\}(n\in\mathbb{Z}^+)$ 都收敛；

(3) 下证$\{Tx_n^{(n)}\}(n\in\mathbb{Z}^+)$为柯西列。由$\|T_n-T\|\to 0$，$\forall\varepsilon>0$，选取$k\in\mathbb{Z}^+$使得

$$\|T_k-T\|<\frac{\varepsilon}{3M};$$

由于$\{T_kx_n^{(n)}\}$收敛，$\exists N\in\mathbb{Z}^+$，当$m,n>N$时$\|T_kx_n^{(n)}-T_kx_m^{(m)}\|<\frac{\varepsilon}{3}$；此时

$$\begin{aligned}\|Tx_n^{(n)}-Tx_m^{(m)}\| &\leqslant \|Tx_n^{(n)}-T_kx_n^{(n)}\|+\|T_kx_n^{(n)}-T_kx_m^{(m)}\|+\|T_kx_m^{(m)}-Tx_m^{(m)}\|\\ &\leqslant \|T-T_k\|\,\|x_n^{(n)}\|+\frac{\varepsilon}{3}+\|T_k-T\|\,\|x_m^{(m)}\|\\ &<\frac{\varepsilon}{3M}\times M+\frac{\varepsilon}{3}+\frac{\varepsilon}{3M}\times M\\ &=\varepsilon,\end{aligned}$$

所以$\{Tx_n^{(n)}\}$为柯西列，再根据Y是巴拿赫空间，得到$\{Tx_n^{(n)}\}$收敛，即$T\{Tx_n\}$有收敛子列。 证毕

例 3.6.6 设线性算子$T:l^2\to l^2$定义为

$$Tx=\left(x_1,\frac{x_2}{2},\frac{x_3}{3},\cdots,\frac{x_n}{n},\cdots\right),\quad \forall x=(x_1,x_2,\cdots)\in l^2,$$

证明T是紧线性算子。

证 设算子列$T_n:l^2\to l^2$为

$$T_nx=\left(x_1,\frac{x_2}{2},\frac{x_3}{3},\cdots,\frac{x_n}{n},0,0,\cdots\right),\quad \forall x=(x_1,x_2,\cdots)\in l^2,$$

则算子T_n的值域是有限维的，故T_n是紧算子。

根据

$$\begin{aligned}\|(T_n-T)x\| &=\left(\sum_{k=n+1}^{\infty}\frac{|x_k|^2}{k^2}\right)^{1/2}\leqslant\left(\sum_{k=n+1}^{\infty}\frac{|x_k|^2}{(n+1)^2}\right)^{1/2}\\ &\leqslant\frac{1}{n+1}\left(\sum_{k=1}^{\infty}|x_k|^2\right)^{1/2}=\frac{1}{n+1}\|x\|,\end{aligned}$$

故有

$$\|(T_n-T)\|\leqslant\frac{1}{n+1}\to 0,$$

从而$\|T_n-T\|\to 0$，$n\to\infty$，由上面定理得到T为紧算子。 证毕

定理 3.6.7 设X,Y是巴拿赫空间，X为自反空间，$T\in B(X,Y)$，算子T为紧算子的充要条件为[8],p.207

$$x_n\xrightarrow{\mathrm{w}}x\Rightarrow Tx_n\to Tx。$$

注 此时我们称算子T为**全连续的**，定理的证明我们作为第 5 章的习题。

3.7 广义函数与分布空间

1. 问题

例 3.7.1 在工程技术中,设想在无限长细棒上有一个质量分布,只集中在一点 $x=0$ 处,总质量为一个单位。也就是说,有一个假想的密度函数 $\delta(x)$(称为狄拉克(Dirac)函数):

$$\delta(x)=\begin{cases}0, & x\neq 0,\\ +\infty, & x=0,\end{cases}$$

并且要求密度函数的积分为总质量 1:

$$\int_{-\infty}^{+\infty}\delta(x)\mathrm{d}x=1。$$

这种假想的函数超出了通常函数的概念,因为一个仅在 0 处不为 0 的函数,是几乎处处为 0 的,其积分应当为 0。但这种 $\delta(x)$ 函数在工程中常常遇到,比如无线电工程中考察脉冲,在极短的时间内爆发出一个单位能量的信号,此现象和上述质量分布类似。

例 3.7.2 工程师在解电路方程时,提出了一种运算方法,称为算子演算。此方法要对下面的函数(称为赫维塞德(Heaviside)函数,或者阶跃函数)

$$Y(x)=\begin{cases}1, & x\geqslant 0,\\ 0, & x<0,\end{cases}$$

求微商,并把这个微商记为 $\delta(x)$ 函数。但我们知道函数 $Y(x)$ 在 0 点处不连续,所以 $Y(x)$ 并不可微。另外,此算法还要求对性质不确定的 $\delta(x)$ 再求微商及其他的运算。那么这些运算在数学上如何理解呢?

对于这些问题,数学家把 $\delta(x)$ 函数看成是某个函数空间上的连续线性泛函,类似的泛函统称为广义函数,并且可以定义广义函数的导数,即广义导数。为此,我们需要下面的一些概念。

2. 广义函数与分布空间

定义 3.7.3 设 $C_0^{\infty}(\mathbb{R})$ 表示 $\mathbb{R}$ 上无限次可微且在某个有限区间外为 0 的函数全体,按照通常的加法和数乘构成一个线性空间,记为空间 $\mathcal{D}$,在此空间中定义极限如下:设 $\varphi_n,\varphi\in\mathcal{D}$,如果

(1) 存在一个与 n 无关的公共有限区域 $[a,b]$,使得 φ_n,φ 在 $[a,b]$ 外为 0;

(2) 对于任意非负整数 q,函数列 φ_n 的 q 阶导数 $\varphi_n^{(q)}(x)$ 一致收敛到 $\varphi^{(q)}(x)$:

$$\max_{x\in[a,b]} |\varphi_n^{(q)}(x)-\varphi^{(q)}(x)|\to 0 \quad (n\to\infty);$$

那么称 φ_n 在$\mathcal{D}$上收敛于 φ。带有上述收敛性的线性空间 $C_0^\infty(\mathbb{R})$称为**基本空间**，仍记为$\mathcal{D}$。

注 我们在$\mathcal{D}$上引入了收敛性，但此收敛性并不能由某个距离导出，当然也不能由任何的范数导出，因此空间$\mathcal{D}$不是距离空间，更不是赋范空间。

例 3.7.4(**磨光函数**) 设

$$M(x)=\begin{cases}C\mathrm{e}^{-\frac{1}{1-|x|^2}}, & |x|<1,\\ 0, & |x|\geqslant 1,\end{cases}$$

其中

$$C=\left(\int_{|x|\leqslant 1}\mathrm{e}^{-\frac{1}{1-|x|^2}}\mathrm{d}x\right)^{-1},$$

那么 $M\in C_0^\infty(\mathbb{R})$，并且

$$\int_{\mathbb{R}} M(x)\mathrm{d}x=1。$$

注 磨光函数 M 首先表明空间 $C_0^\infty(\mathbb{R})$非空，其次它可以磨光“粗糙”的函数：M 与其他函数作用后的新函数是无限次可微的，并在一定意义下逼近原来的函数。具体的请看下面的定理。

定理 3.7.5 设 u 是勒贝格可积函数，并在$\mathbb{R}$ 的某个有限区间外为 0，对于 $\varepsilon>0$，设

$$u_\varepsilon(x)=\int_{\mathbb{R}} u(y)\frac{1}{\varepsilon}M\left(\frac{x-y}{\varepsilon}\right)\mathrm{d}y,$$

则 $u_\varepsilon\in C_0^\infty(\mathbb{R})$，并且对于任意非负整数 q，函数列 u_ε 的 q 阶导数 $u_\varepsilon^{(q)}$ 一致收敛到 $u^{(q)}(\varepsilon\to 0)$[8],p. 167。

定义 3.7.6 空间$\mathcal{D}$上的连续线性泛函称为**广义函数**(或者**分布**)，$\mathcal{D}$的共轭空间$\mathcal{D}^*$ 称为**分布空间**。

例 3.7.7 局部可积函数是广义函数。

证 (1) 我们把在任意有限区间上都勒贝格可积的函数称为**局部可积函数**，其全体记为 $L^1_{\text{loc}}(\mathbb{R})$。设 $f\in L^1_{\text{loc}}(\mathbb{R})$，$\forall\varphi\in\mathcal{D}$，定义

$$(f,\varphi)=f(\varphi)=\int_{-\infty}^{+\infty} f(x)\varphi(x)\mathrm{d}x,$$

根据 φ 在某个有限区间外为 0，得到上述积分有意义。

(2) 函数 f 的线性性质显然，下面验证连续性：若在$\mathcal{D}$中 $\varphi_n\to\varphi(n\to\infty)$，则可设在区间$[a,b]$外 φ_n,φ 为 0，并且

$$\max_{x\in[a,b]} |\varphi_n-\varphi| \to 0 \quad (n\to\infty),$$

根据勒贝格控制收敛定理得到

$$|f(\varphi_n)-f(\varphi)| \leqslant \int_a^b |f(x)||\varphi_n-\varphi|\mathrm{d}x \to 0 \quad (n\to\infty),$$

所以 f 是$\mathcal{D}$上的线性连续函数,即 $f\in\mathcal{D}^*$。 证毕

注 广义函数空间$\mathcal{D}^*$是局部可积函数空间 $L^1_{\mathrm{loc}}(\mathbb{R})$的推广,但是$\mathcal{D}^*$中含有比 $L^1_{\mathrm{loc}}(\mathbb{R})$更多的元素,比如$\delta\in\mathcal{D}^*$,但是$\delta\notin L^1_{\mathrm{loc}}(\mathbb{R})$(可参考文献[12],p.169)。

例 3.7.8 $\forall\varphi\in\mathcal{D}$,定义

$$(\delta,\varphi)=\delta(\varphi)=\int_{-\infty}^{+\infty}\delta(x)\varphi(x)\mathrm{d}x=\int_{-\infty}^{+\infty}\delta(x)\varphi(0)\mathrm{d}x=\varphi(0),$$

证明 $\delta(x)\in\mathcal{D}^*$。

证 (1) 根据

$$\begin{aligned}\left|\int_{-\infty}^{+\infty}\delta(x)(\varphi(x)-\varphi(0))\mathrm{d}x\right| &= \left|\int_{-\varepsilon}^{+\varepsilon}\delta(x)(\varphi(x)-\varphi(0))\mathrm{d}x\right| \\ &\leqslant \max_{|x|\leqslant\varepsilon}|\varphi(x)-\varphi(0)|\left|\int_{-\varepsilon}^{+\varepsilon}\delta(x)\mathrm{d}x\right| \\ &= \max_{|x|\leqslant\varepsilon}|\varphi(x)-\varphi(0)| \to 0 \quad (\varepsilon\to 0),\end{aligned}$$

所以 $\delta(\varphi)$的定义有意义。

(2) $\forall\varphi,\psi\in\mathcal{D}$, $\forall a,b\in\mathbb{R}$,有

$$\delta(a\varphi+b\psi)=(a\varphi+b\psi)(0)=a\varphi(0)+b\psi(0)=a\delta(\varphi)+b\delta(\psi),$$

所以 δ 是线性的。

(3) 若在$\mathcal{D}$中 $\varphi_n\to\varphi(n\to\infty)$,则

$$|\varphi_n(0)-\varphi(0)| \to 0 \quad (n\to\infty),$$

从而

$$|\delta(\varphi_n)-\delta(\varphi)| \to 0 \quad (n\to\infty),$$

所以 δ 是$\mathcal{D}$上的连续函数,即 $\delta(x)\in\mathcal{D}^*$。 证毕

3. 广义函数的导数

设 $f\in C^1([a,b])$, $\forall\varphi\in\mathcal{D}$,设 φ 在$[a,b]$外为 0,即 $\varphi(a)=\varphi(b)=0$,则

$$\begin{aligned}(f',\varphi) &= \int_{-\infty}^{+\infty}f'(x)\varphi(x)\mathrm{d}x = f(x)\varphi(x)\big|_a^b - \int_{-\infty}^{+\infty}f(x)\varphi'(x)\mathrm{d}x \\ &= -\int_{-\infty}^{+\infty}f(x)\varphi'(x)\mathrm{d}x = -(f,\varphi')。\end{aligned}$$

受此启发,我们可以定义广义函数的导数。

例 3.7.9 $\forall f\in\mathcal{D}^*$,如果存在广义函数 $g\in\mathcal{D}^*$ 使得

$$(g,\varphi)=-(f,\varphi'), \quad \forall\varphi\in\mathcal{D},$$

则称 g 为 f 的**广义导数**(或者**弱导数**),仍记为 $g=f'$。

注 因为 $\varphi\in\mathcal{D}$是无限次可微的,所以(f,φ')有意义,若 φ_n 在$\mathcal{D}$上收敛于 φ,则

$$\varphi'_n\to\varphi'\quad(n\to\infty),$$

所以(f,φ')是连续线性泛函得到(g,φ)也是连续线性泛函。类似地,我们可以定义任意阶的广义导数。

例 3.7.10 对于赫维塞德函数

$$Y(x)=\begin{cases}1, & x\geqslant 0,\\ 0, & x<0,\end{cases}$$

证明 $Y'=\delta$。

证 明显地,$Y(x)\in L^1_{\text{loc}}(\mathbb{R})$,所以 $Y(x)\in\mathcal{D}^*$;$\forall\,\varphi\in\mathcal{D}$,根据

$$(Y',\varphi)=-(Y,\varphi')=-\int_{-\infty}^{+\infty}Y(x)\varphi'(x)\mathrm{d}x=-\int_0^{+\infty}\varphi'(x)\mathrm{d}x=\varphi(0)=(\delta,\varphi),$$

得到 $Y'=\delta$。 证毕

注 对于赋范空间,我们有类似的广义导数的定义,具体地请参考本书第6章。

习题 3

1. 在赋范空间中,收敛点列一定有界。

2. 在赋范空间中,加法与数乘运算是连续的。

3. 设$(X,\|\cdot\|)$为赋范空间,若定义

$$d(x,y)=\|x-y\|,\quad\forall\,x,y\in X,$$

则 $d(x,y)$为 X 上的距离。

4. $\forall\,u\in C([a,b])$,设

$$\|u\|_1=\left(\int_0^1|u(t)|^2\mathrm{d}t\right)^{\frac{1}{2}},\quad\|u\|_2=\left(\int_0^1(1+t)|u(t)|^2\mathrm{d}t\right)^{\frac{1}{2}},$$

证明 $\|u\|_1$ 与 $\|u\|_2$ 是两个等价范数。

5. 设空间 X 与 Y 是赋范空间,$T:X\to Y$ 是一个线性算子,若 T 在某一点 $x_0\in X$ 连续,则 T 在 X 上连续。

6. 设 X 与 Y 是赋范空间,$T:X\to Y$ 是一个线性算子,则

T 有界$\Leftrightarrow T$ 将 X 中的有界集映为 Y 中的有界集。

7. 设空间 X 与 Y 是赋范空间,$T:X\to Y$ 是一个线性有界算子,证明 T 的核空间

$$\ker(T)=\{x:Tx=\theta\}$$

是 X 的闭子空间。

8. 设空间 X 是赋范空间，对于 $\alpha\in\mathbb{R}$，定义算子 $T:X\to X$ 如下

$$Tx=\alpha x,\quad \forall x\in X,$$

证明 $\|T\|=|\alpha|$。

9. 定义算子 $T:L^1([a,b])\to C([a,b])$ 如下：

$$(Tx)(t)=\int_a^t x(s)\mathrm{d}s,$$

求证 $\|T\|=1$。

10. 设 Ω 为 $\mathbb{R}^n$ 中的一个连通有界开集，对 Ω 上的有界函数空间

$$B(\Omega)=\{u:\sup_{t\in\Omega}|u(t)|<+\infty\},$$

定义范数

$$\|u\|=\sup_{t\in\Omega}|u(t)|,$$

证明 $B(\Omega)$ 按上面范数是巴拿赫空间。

11. 设数列 $a_n\to 0(n\to\infty)$，$\forall x=(x_1,x_2,\cdots,x_n,\cdots)\in l^2$，设

$$Tx=(a_1x_1,a_2x_2,\cdots,a_nx_n,\cdots),$$

证明 $T:l^2\to l^2$ 为紧算子。

12. 求 δ 函数的广义导数。

第4章

希尔伯特空间

4.1 内积空间

在距离空间中，我们定义了两个元素的距离；在赋范空间中，把实数空间中的长度利用范数进行了推广；在线性代数中我们还学过两个向量的数量积与向量积等几何概念，例如，对于$\mathbb{R}^3$中的两个向量$\boldsymbol{x}=(x_1,x_2,x_3)$与$\boldsymbol{y}=(y_1,y_2,y_3)$，它们的数量积（也叫内积）定义如下

$$\langle \boldsymbol{x},\boldsymbol{y}\rangle = x_1y_1+x_2y_2+x_3y_3,$$

则向量$\boldsymbol{x}$的长度（范数）与内积关系为

$$\|\boldsymbol{x}\|=\sqrt{\langle \boldsymbol{x},\boldsymbol{x}\rangle}=\sqrt{x_1^2+x_2^2+x_3^2},$$

同时还得到$\boldsymbol{x}$与$\boldsymbol{y}$的夹角α的公式：

$$\cos\alpha=\frac{\langle \boldsymbol{x},\boldsymbol{y}\rangle}{\|\boldsymbol{x}\|\cdot\|\boldsymbol{y}\|},$$

本章的任务就是推广这些几何概念。

1. 内积空间的定义

定义 4.1.1 设X是实数集$\mathbb{R}$上的线性空间，若存在映射

$$\langle\cdot,\cdot\rangle: X\times X\to\mathbb{R},$$

对于任意的$x,y,z\in X$与$a,b\in\mathbb{R}$，下列性质成立：

(1) 正定性 $\langle x,x\rangle\geqslant 0$ 并且

$$\langle x,x\rangle=0\Leftrightarrow x=\theta;$$

(2) 对称性

$$\langle x,y\rangle=\langle y,x\rangle;$$

(3) 线性性

$$\langle ax+by,z\rangle=a\langle x,z\rangle+b\langle y,z\rangle;$$

则称$\langle\cdot,\cdot\rangle$为空间 X 上的**内积**,空间 X 叫做**内积空间**,记为$(X,\langle\cdot,\cdot\rangle)$。完备的内积空间称为**希尔伯特**(Hilbert)空间。

例 4.1.2 对于$\mathbb{R}^n$ 中的任意元素

$$\boldsymbol{x}=(x_1,x_2,\cdots,x_n) \text{ 与 } \boldsymbol{y}=(y_1,y_2,\cdots,y_n),$$

定义

$$\langle\boldsymbol{x},\boldsymbol{y}\rangle=\sum_{k=1}^{n}x_k y_k,$$

则$(\mathbb{R}^n,\langle\cdot,\cdot\rangle)$是一个内积空间。

例 4.1.3 对于 l^2 中的任意元素

$$x=(x_1,x_2,\cdots,x_n,\cdots) \text{ 与 } y=(y_1,y_2,\cdots,y_n,\cdots),$$

定义

$$\langle x,y\rangle=\sum_{k=1}^{\infty}x_k y_k,$$

则$(l^2,\langle\cdot,\cdot\rangle)$是一个内积空间。

例 4.1.4 对于 $L^2([a,b])$中的任意元素 $x(t)$与 $y(t)$,定义

$$\langle x,y\rangle=\int_a^b x(t)y(t)\mathrm{d}t,$$

则$(L^2([a,b]),\langle\cdot,\cdot\rangle)$是一个内积空间。

注 以上的证明留做练习。

例 4.1.5 $C^1([a,b])$表示在$[a,b]$上本身及一阶导数都连续的函数组成的线性空间,$\forall x,y\in C^1([a,b])$,定义

$$\langle x,y\rangle=\int_a^b x(t)y(t)\mathrm{d}t+\int_a^b x'(t)y'(t)\mathrm{d}t,$$

则$(C^1([a,b]),\langle\cdot,\cdot\rangle)$是一个内积空间。

证 (1) 正定性:$\langle x,x\rangle=\int_a^b x^2(t)\mathrm{d}t+\int_a^b|x'(t)|^2\mathrm{d}t\geqslant 0$,并且

$$\langle x,x\rangle=\int_a^b x^2(t)\mathrm{d}t+\int_a^b|x'(t)|^2\mathrm{d}t=0\Leftrightarrow x(t)=0,\text{a. e.};$$

(2) 对称性:$\langle x,y\rangle=\langle y,x\rangle$显然;

(3) 线性性:$\forall x,y,z\in C^1([a,b])$及$\forall k,l\in\mathbb{R}$,有

$$\begin{aligned}\langle kx+ly,z\rangle&=\int_a^b(kx+ly)z\mathrm{d}t+\int_a^b(kx+ly)'z'\mathrm{d}t\\&=k\left(\int_a^b xz\mathrm{d}t+\int_a^b x'z'\mathrm{d}t\right)+l\left(\int_a^b yz\mathrm{d}t+\int_a^b y'z'\mathrm{d}t\right)\\&=k\langle x,z\rangle+l\langle y,z\rangle,\end{aligned}$$

因此$(C^1([a,b]),\langle\cdot,\cdot\rangle)$是一个内积空间。 证毕

注 除非特殊地说明，以后遇到上面的空间，我们都使用例子中的内积。

2. 内积导出的范数

内积空间与赋范空间什么关系呢？下面我们就来解决这个问题。首先给出内积空间中最重要的一个不等式——施瓦茨(Schwarz)不等式。

定理 4.1.6(施瓦茨不等式) 设$(X,\langle\cdot,\cdot\rangle)$是内积空间，则$\forall x,y\in X$，有

$$|\langle x,y\rangle|^2\leqslant\langle x,x\rangle\langle y,y\rangle,$$

当且仅当x与y线性相关时等号成立。

证 (1) 当$y=\theta$时，由定义得到

$$\langle x,y\rangle=\langle y,y\rangle=0,$$

故等号成立。

(2) 不妨设$y\neq\theta$，对于任意的α有

$$\begin{aligned}0&\leqslant\langle x-\alpha y,x-\alpha y\rangle\\&=\langle x,x\rangle-\alpha\langle x,y\rangle-\alpha\langle y,x\rangle+\alpha^2\langle y,y\rangle\\&=\langle x,x\rangle-\alpha\langle x,y\rangle-\alpha[\langle x,y\rangle-\alpha\langle y,y\rangle]。\end{aligned}$$

设

$$\alpha=\frac{\langle x,y\rangle}{\langle y,y\rangle},$$

代入上式得到

$$0\leqslant\langle x,x\rangle-\frac{|\langle x,y\rangle|^2}{\langle y,y\rangle},$$

移项后得到施瓦茨不等式。

(3) 若x与y线性相关，不妨设$y=kx$，则

$$\begin{aligned}|\langle x,y\rangle|^2&=|\langle x,kx\rangle|^2\\&=k^2|\langle x,x\rangle|^2=\langle x,x\rangle\langle kx,kx\rangle=\langle x,x\rangle\langle y,y\rangle,\end{aligned}$$

所以等号成立。

(4) 若施瓦茨不等式中等号成立，不妨设$y\neq\theta$及

$$\alpha=\frac{\langle x,y\rangle}{\langle y,y\rangle},$$

由(2)中的推导得到$\langle x-\alpha y,x-\alpha y\rangle=0$，即$x=\alpha y$，所以$x$与$y$线性相关。 证毕

下面的定理说明由内积一定可以定义范数，即内积空间一定是赋范空间。

定理 4.1.7 设$(X,\langle\cdot,\cdot\rangle)$是内积空间，$\forall x\in X$定义

$$\|x\|=\sqrt{\langle x,x\rangle},$$

则$\|\cdot\|$是空间X的范数，称为**由内积导出的范数**。

证 (1) 显然 $\|x\|=\sqrt{\langle x,x\rangle}\geqslant 0$ 并且

$$\|x\|=\sqrt{\langle x,x\rangle}=0\Leftrightarrow x=\theta。$$

(2) $\forall a\in\mathbb{R}$,

$$\|ax\|=\sqrt{\langle ax,ax\rangle}=\sqrt{a^2\langle x,x\rangle}=|a|\sqrt{\langle x,x\rangle}=|a|\cdot\|x\|,$$

所以齐次性成立。

(3) 下面验证三角不等式,根据施瓦茨不等式

$$\begin{aligned}\|x+y\|^2&=\langle x+y,x+y\rangle\\&=\langle x,x\rangle+2\langle x,y\rangle+\langle y,y\rangle\\&\leqslant\langle x,x\rangle+2|\langle x,y\rangle|+\langle y,y\rangle\\&\leqslant\langle x,x\rangle+2\sqrt{\langle x,x\rangle}\sqrt{\langle y,y\rangle}+\langle y,y\rangle\\&=\|x\|^2+2\|x\|\cdot\|y\|+\|y\|^2\\&=(\|x\|+\|y\|)^2,\end{aligned}$$

得到三角不等式

$$\|x+y\|\leqslant\|x\|+\|y\|,$$

所以 $\|\cdot\|$ 是空间 X 的范数。 证毕

注 在范数的形式下,施瓦茨不等式可以记为:

$$|\langle x,y\rangle|\leqslant\|x\|\cdot\|y\|。$$

并且我们知道空间$\mathbb{R}^n$、l^2 与 $L^2([a,b])$都是完备的内积空间,即为希尔伯特空间。

定理 4.1.8 内积是关于两个变元的连续函数。

证 设$(X,\langle\cdot,\cdot\rangle)$是内积空间,$\forall x,y\in X$ 定义

$$f(x,y)=\langle x,y\rangle,$$

则 $f:X\times X\to\mathbb{R}$ 是关于内积中两个变元的函数。设两个点列 $x_n\to x$ 及 $y_n\to y$,即有

$$\|x_n-x\|\to 0,\quad\|y_n-y\|\to 0(n\to\infty),$$

根据 $\|x_n\|$ 有界及施瓦茨不等式得到

$$\begin{aligned}|f(x_n,y_n)-f(x,y)|&=|\langle x_n,y_n\rangle-\langle x,y\rangle|\\&=|\langle x_n,y_n\rangle-\langle x_n,y\rangle+\langle x_n,y\rangle-\langle x,y\rangle|\\&\leqslant|\langle x_n,y_n-y\rangle|+|\langle x_n-x,y\rangle|\\&\leqslant\|x_n\|\cdot\|y_n-y\|+\|y\|\cdot\|x_n-x\|\to 0,\end{aligned}$$

所以 $f(x,y)=\langle x,y\rangle$是关于内积中两个变元的连续函数。 证毕

定理 4.1.9 设$(X,\langle\cdot,\cdot\rangle)$是内积空间,则$\forall x,y\in X$ 有**极化恒等式**:

$$\langle x,y\rangle=\frac{1}{4}(\|x+y\|^2-\|x-y\|^2)。$$

证 根据

$$\| x+y \|^2=\langle x+y, x+y\rangle=\| x \|^2+2\langle x, y\rangle+\| y \|^2,$$

以及

$$\| x-y \|^2=\langle x-y, x-y\rangle=\| x \|^2-2\langle x, y\rangle+\| y \|^2,$$

得到

$$\| x+y \|^2-\| x-y \|^2=4\langle x, y\rangle,$$

所以命题成立。 证毕

3. 范数成为内积的条件

我们已经知道内积空间一定是赋范空间,那么赋范空间是不是内积空间呢?答案是否定的。首先给出范数是内积的充要条件。

定理 4.1.10 设 X 和 Y 是赋范线性空间,$T: X \to Y$ 为连续算子,若 $\forall x, y \in X$ 有

$$T(x+y)=T(x)+T(y),$$

则算子 T 满足齐次性,即 $\forall \alpha \in \mathbb{R}, \forall x \in X$ 有

$$T(\alpha x)=\alpha T(x)。$$

证 (1) 先证算子在有理数集中满足齐次性。$\forall n \in \mathbb{Z}^+, \forall x \in X$ 根据

$$T(x)=T\left(n \frac{x}{n}\right)=n T\left(\frac{x}{n}\right),$$

得到

$$T\left(\frac{x}{n}\right)=\frac{1}{n} T(x);$$

因此 $\forall n, m \in \mathbb{Z}^+$ 得到

$$T\left(\frac{m}{n} x\right)=\frac{1}{n} T(m x)=\frac{m}{n} T(x)。$$

又根据

$$0=T(x+(-x))=T(x)+T(-x),$$

得到 $T(-x)=-T(x)$,故 $\forall \beta \in \mathbb{Q}, \forall x \in X$ 有

$$T(\beta x)=\beta T(x)。$$

(2) 因为$\mathbb{Q}$在$\mathbb{R}$中稠密,所以 $\forall \alpha \in \mathbb{R}, \exists \beta_n \in \mathbb{Q}$ 使得 $\lim\limits_{n \to \infty} \beta_n=\alpha$。由算子 T 的连续性,$\forall x \in X$ 有

$$T(\alpha x)=T(\lim_{n \to \infty} \beta_n x)=\lim_{n \to \infty} T(\beta_n x)=\lim_{n \to \infty}(\beta_n(T x))=\alpha(T x),$$

所以算子在实数集中满足齐次性。 证毕

定理 4.1.11 赋范空间 X 是内积空间的充要条件是范数满足如下的平行四边形法则:

$$\|x+y\|^2+\|x-y\|^2=2(\|x\|^2+\|y\|^2),\quad \forall x,y\in X。$$

证 必要性：设 X 是内积空间，定义范数为

$$\|x\|=\sqrt{\langle x,x\rangle},\quad \forall x\in X。$$

则有

$$\begin{aligned}\|x+y\|^2&=\langle x+y,x+y\rangle=\langle x,x\rangle+\langle y,y\rangle+2\langle x,y\rangle\\&=\|x\|^2+\|y\|^2+2\langle x,y\rangle。\end{aligned}$$

类似地，有

$$\begin{aligned}\|x-y\|^2&=\langle x-y,x-y\rangle=\langle x,x\rangle+\langle y,y\rangle-2\langle x,y\rangle\\&=\|x\|^2+\|y\|^2-2\langle x,y\rangle。\end{aligned}$$

两式相加得到

$$\|x+y\|^2+\|x-y\|^2=2\|x\|^2+2\|y\|^2。$$

充分性：$\forall x,y,z\in X$，设

$$\langle x,y\rangle=\frac{1}{4}(\|x+y\|^2-\|x-y\|^2),$$

故

$$\begin{aligned}\langle x,z\rangle+\langle y,z\rangle&=\frac{1}{4}(\|x+z\|^2-\|x-z\|^2)+\frac{1}{4}(\|y+z\|^2-\|y-z\|^2)\\&=\frac{1}{4}(\|x+z\|^2+\|y+z\|^2)-\frac{1}{4}(\|x-z\|^2+\|y-z\|^2)。\end{aligned}$$

由平行四边形法则可得

$$\begin{aligned}\|x+z\|^2+\|y+z\|^2&=2\left\|\frac{(x+z)+(y+z)}{2}\right\|^2+2\left\|\frac{(x+z)-(y+z)}{2}\right\|^2\\&=2\left\|\frac{1}{2}(x+y)+z\right\|^2+2\left\|\frac{1}{2}(x-y)\right\|^2。\end{aligned}$$

类似地，有

$$\|x-z\|^2+\|y-z\|^2=2\left\|\frac{1}{2}(x+y)-z\right\|^2+2\left\|\frac{1}{2}(x-y)\right\|^2。$$

因此

$$\langle x,z\rangle+\langle y,z\rangle=\frac{1}{2}\left(\left\|\frac{1}{2}(x+y)+z\right\|^2-\left\|\frac{1}{2}(x+y)-z\right\|^2\right)=2\left\langle\frac{x+y}{2},z\right\rangle。$$

上式令 $y=\theta$，则 $\langle x,z\rangle=2\left\langle\frac{1}{2}x,z\right\rangle$，进而

$$\langle x+y,z\rangle=2\left\langle\frac{x+y}{2},z\right\rangle=\langle x,z\rangle+\langle y,z\rangle。$$

由上面的定理可得，$\langle x,y\rangle$ 对于第一个变量满足线性性质。正定性与对称性显然。

所以二元函数$\langle x,y\rangle$为内积。 证毕

注 根据此定理,以后要想说明范数空间是不是内积空间,只需要验证范数是否满足平行四边形法则。

例 4.1.12 空间$C([a,b])$不是内积空间。

证 假设

$$x(t)=1,\quad y(t)=\frac{t-a}{b-a}\in C[a,b],$$

则

$$\|x(t)\|=\max_{t\in[a,b]}|x(t)|=1=\|y(t)\|。$$

又因为

$$\|x+y\|^2+\|x-y\|^2=\left\|1+\frac{t-a}{b-a}\right\|^2+\left\|\frac{b-t}{b-a}\right\|^2$$
$$=\left(\max_{t\in[a,b]}\left|1+\frac{t-a}{b-a}\right|\right)^2+\left(\max_{t\in[a,b]}\left|\frac{b-t}{b-a}\right|\right)^2=5,$$

但是

$$2(\|x\|^2+\|y\|^2)=2\left[(\max_{t\in[a,b]}|1|)^2+\left(\max_{t\in[a,b]}\left|\frac{t-a}{b-a}\right|\right)^2\right]=4,$$

故平行四边形法则不成立,所以空间$C([a,b])$不是内积空间。

例 4.1.13 当$p\neq 2$时,空间l^p不是内积空间。

证 取空间l^p中的点

$$x=(x_1,x_2,\cdots)=(1,1,0,\cdots)\quad 及\quad y=(y_1,y_2,\cdots)=(1,-1,0,\cdots),$$

则

$$x+y=(2,0,0,\cdots),\quad x-y=(0,2,0,\cdots),$$

并且

$$\|x\|=\left(\sum_{k=1}^{\infty}|x_k|^p\right)^{1/p}=2^{1/p}=\|y\|,\quad \|x+y\|=2=\|x-y\|,$$

所以当$p\neq 2$时

$$\|x+y\|^2+\|x-y\|^2=8\neq 2^{\frac{4}{p}+1}=2(\|x\|^2+\|y\|^2),$$

平行四边形法则不成立,故空间l^p不是内积空间。 证毕

例 4.1.14 当$p\neq 2$时,空间$L^p([a,b])$不是内积空间。

证 假设$c=\dfrac{a+b}{2}$,如果取

$$u(t)=1,\quad v(t)=\begin{cases}-1, & x\in[a,c),\\ 1, & x\in[c,b],\end{cases}$$

那么得到

$$\|u+v\|^2+\|u-v\|^2=\left(\int_c^b 2^p\mathrm{d}t\right)^{\frac{2}{p}}+\left(\int_a^c 2^p\mathrm{d}t\right)^{\frac{2}{p}}$$

$$=2\left(2^p\frac{b-a}{2}\right)^{\frac{2}{p}}=2^{3-\frac{2}{p}}(b-a)^{\frac{2}{p}},$$

以及

$$2(\|u\|^2+\|v\|^2)=4(b-a)^{\frac{2}{p}}=2^2(b-a)^{\frac{2}{p}}。$$

若

$$2^{3-\frac{2}{p}}(b-a)^{\frac{2}{p}}=2^2(b-a)^{\frac{2}{p}},$$

则

$$2=3-\frac{2}{p},$$

即 $p=2$,与 $p\neq 2$ 矛盾,所以空间 $L^p([a,b])$ 当 $p\neq 2$ 时不是内积空间。 证毕

4.2 规范正交基

1. 正交性

内积空间最重要的应用之一是考查两个元素的夹角,尤其是垂直(正交)的情况,因此下面我们把向量空间中正交的概念及性质推广到一般的内积空间。对于内积空间中的任意两个元素 x 与 y,我们用

$$\theta=\arccos\frac{|\langle x,y\rangle|}{\|x\|\cdot\|y\|}$$

表示它们之间的夹角。

定义 4.2.1 设 X 是内积空间,元素 $x,y\in X$,集合 $M,N\subset X$。

(1) 若 $\langle x,y\rangle=0$,则称元素 x 与 y 是**正交**的,记作

$$x\perp y;$$

(2) 若 $\forall a\in M$,都有 $x\perp a$,则称 x 与 M 正交,记作

$$x\perp M;$$

(3) 若 $\forall x\in M,y\in N$,都有 $x\perp y$,则称 M 与 N 正交,记作

$$M\perp N。$$

定义 4.2.2 设 X 是内积空间,$M\subset X$,则 X 中与 M 正交的元素全体称为 M 的**正交补**,记作

$$M^{\perp}=\{x\in X:x\perp M\}。$$

定理 4.2.3 设 X 是内积空间,$M\subset X$,则 $M^{\perp}$ 为 X 的闭线性子空间。

证 (1) $\forall x,y\in M^{\perp}$，$\forall \alpha,\beta\in\mathbb{R}$ 以及 $\forall z\in M$，有

$$\langle \alpha x+\beta y,z\rangle=\alpha\langle x,z\rangle+\beta\langle y,z\rangle=0,$$

故 $\alpha x+\beta y\in M^{\perp}$，即 $M^{\perp}$ 是 X 的线性子空间。

(2) 假设 $\{x_n\}\subset M^{\perp}$，使得 $x_n\to x(n\to\infty)$。此时 $\forall z\in M$，有 $\langle x_n,z\rangle=0$，再由内积关于变元的连续性得到

$$\langle x,z\rangle=\langle \lim_{n\to\infty}x_n,z\rangle=\lim_{n\to\infty}\langle x_n,z\rangle=0,$$

即 $x\in M^{\perp}$，故 $M^{\perp}$ 为 X 的闭子空间。　　证毕

2. 直和分解与正交分解

对于任意的 $(x,y)\in\mathbb{R}^2$，我们可以将其分解为 $(x,y)=(x,0)+(0,y)$，其中 $(x,0)$ 是坐标轴 x 轴上的点，相应的 $(0,y)$ 是 y 轴上的点，更主要的是两个分量的内积是0：

$$\langle (x,0),(0,y)\rangle=x\cdot 0+0\cdot y=0,$$

即两个分量是正交的。下面我们就把此分解推广到一般的内积空间。

定义 4.2.4 设 A,B 为线性空间 X 的两个子集，称集合

$$\{a+b: a\in A, b\in B\}$$

为 A 与 B 的和，记作 $A+B$。

定义 4.2.5 设 A,B 是线性空间 X 的子空间，若 $\forall x\in X$，都有唯一分解

$$x=a+b,\quad a\in A,\quad b\in B,$$

则称 X 为 A 与 B 的**直和分解**，记作 $X=A\oplus B$。

定理 4.2.6 设 A,B 是线性空间 X 的子空间并且 $X=A+B$，则

$$X=A\oplus B\Leftrightarrow A\cap B=\{\theta\}。$$

证 必要性：$\forall x\in A\cap B$，由 $\theta\in A\cap B$，得

$$x=x+\theta=\theta+x,$$

再由分解的唯一性，得 $x=\theta$，故 $A\cap B=\{\theta\}$。

充分性：$\forall x\in X$，若有

$$x=a_1+b_1=a_2+b_2,\quad a_1,a_2\in A,\quad b_1,b_2\in B,$$

则根据 A,B 是子空间有

$$a_1-a_2=b_2-b_1\in A\cap B=\{\theta\},$$

从而有 $a_1-a_2=b_2-b_1=\theta$，即

$$a_1=a_2,\quad b_1=b_2,$$

故由分解的唯一性得 $X=A\oplus B$。　　证毕

定义 4.2.7 设 A,B 是线性空间 X 的子空间，且 X 为 A 与 B 的直和分解。若 $B=A^{\perp}$，即

$$X = A \oplus A^{\perp},$$

则称 X 为 A 与 $A^{\perp}$ 的**正交分解**。

例 4.2.8 在连续函数空间 $C([-1,1])$ 中，定义内积

$$\langle x, y\rangle = \int_{-1}^{1} x(t)y(t)\mathrm{d}t,$$

记 M 为 $C([-1,1])$ 中奇函数的全体，N 为 $C([-1,1])$ 中偶函数的全体，证明：

$$C([-1,1]) = M \oplus N = M \oplus M^{\perp}。$$

证 (1) $\forall x \in C([-1,1])$，令

$$u = \frac{x(t) - x(-t)}{2}, \quad v = \frac{x(t) + x(-t)}{2},$$

则 $u \in M, v \in N$，且 $x = u + v$。

(2) 下证表示是唯一的。反设存在 $u_1 \in M, v_1 \in N$，也使得 $x = u_1 + v_1$，则由

$$u + v = u_1 + v_1,$$

可得

$$u - u_1 = v_1 - v \in M \cap N = \{\theta\},$$

故必有 $u = u_1, v_1 = v$，从而 M 与 N 为 $C([-1,1])$ 的直和分解。

(3) $\forall u \in M$ 及 $\forall v \in N$，有 $uv \in M$，故

$$\langle u, v\rangle = \int_{-1}^{1} u(t)v(t)\mathrm{d}t = 0,$$

于是 $M = N^{\perp}$。所以 M 与 N 为 $C([-1,1])$ 的正交分解：

$$C([-1,1]) = M \oplus N = M \oplus M^{\perp}。$$

证毕

3. 规范正交系

定义 4.2.9 设 X 是内积空间，$M \subset X$，若 M 中的任意两个元素均正交，则称 M 为 X 的一个**正交系**；进一步的，若 M 中的任一元素的范数均为 1，则称 M 为 X 的一个**规范正交系**(也叫**标准正交系**)。

例 4.2.10 在 $\mathbb{R}^n$ 中，

$$\boldsymbol{e}_1 = (1,0,\cdots,0), \boldsymbol{e}_2 = (0,1,\cdots,0), \cdots, \boldsymbol{e}_n = (0,0,\cdots,1)$$

是一个规范正交系。

例 4.2.11 在 l^2 中，

$$e_n = (\underbrace{0,\cdots,0}_{n-1},1,0,\cdots), \quad n = 1,2,\cdots$$

是一个规范正交系。

例 4.2.12 在 $L^2([-\pi,\pi])$ 中，

$$\left\{\frac{1}{\sqrt{2\pi}}, \frac{\cos t}{\sqrt{\pi}}, \frac{\sin t}{\sqrt{\pi}}, \frac{\cos 2t}{\sqrt{\pi}}, \frac{\sin 2t}{\sqrt{\pi}}, \cdots\right\}$$

是一个规范正交系。

类似于线性代数中的施密特(Schmidt)正交化方法，我们可以把内积空间中的线性无关的元素化为规范正交系。

定理 4.2.13 设 X 是内积空间，$\{x_n\}$是 X 中的线性无关子集，则存在规范正交系$\{e_n\}$，使得$\forall n\in\mathbb{Z}^+$，有

$$\operatorname{span}\{e_1,e_2,\cdots,e_n\}=\operatorname{span}\{x_1,x_2,\cdots,x_n\}。$$

证 首先设

$$e_1=\frac{x_1}{\|x_1\|},$$

则有$\|e_1\|=1$，且

$$\operatorname{span}\{e_1\}=\operatorname{span}\{x_1\}。$$

由 x_1 与 x_2 线性无关，知 x_2 与 e_1 线性无关，故

$$x_2-\langle x_2,e_1\rangle e_1\neq 0,$$

另外

$$\langle(x_2-\langle x_2,e_1\rangle e_1),e_1\rangle=\langle x_2,e_1\rangle-\langle x_2,e_1\rangle\langle e_1,e_1\rangle=0,$$

故令

$$e_2=\frac{x_2-\langle x_2,e_1\rangle e_1}{\|x_2-\langle x_2,e_1\rangle e_1\|},$$

则有$\|e_2\|=1$，$e_2\perp e_1$，并且

$$\operatorname{span}\{e_1,e_2\}=\operatorname{span}\{x_1,x_2\}。$$

一般地，假设

$$e_{n+1}=\frac{x_{n+1}-\sum_{k=1}^{n}\langle x_{n+1},e_k\rangle e_k}{\left\|x_{n+1}-\sum_{k=1}^{n}\langle x_{n+1},e_k\rangle e_k\right\|},$$

则$\{e_n\}$即为所求。 证毕

4. 规范正交基

在线性代数中，对于向量空间中的一个线性无关的向量组，如果空间中的任意一个向量都可被这个向量组线性表示，则称此向量组为空间的基。在内积空间中也有类似的性质。

定义 4.2.14 设$\{e_k\}$为数域$\mathbb{R}$上内积空间 X 中的规范正交系，$\forall x\in X$，若存在$\{\alpha_k\}\subset\mathbb{R}$，使得

$$x=\sum_{k=1}^{\infty}\alpha_k e_k,$$

则称$\{e_n\}$为 X 中的**规范正交基**。

注 在上面的定义中，由正交性及内积的性质得到

$$\langle x,e_i\rangle=\left\langle\sum_{k=1}^{\infty}\alpha_k e_k,e_i\right\rangle=\sum_{k=1}^{\infty}\alpha_k\langle e_k,e_i\rangle=\alpha_i\langle e_i,e_i\rangle=\alpha_i。$$

即有 $\alpha_i=\langle x,e_i\rangle$。此时我们称级数

$$\sum_{k=1}^{\infty}\langle x,e_k\rangle e_k$$

为 x 关于规范正交基$\{e_k\}$的**傅里叶**(Fourier)**级数**，数$\langle x,e_k\rangle$为 x 关于$\{e_k\}$的傅里叶系数。

定理 4.2.15 设 $S=\{e_n\}$是希尔伯特空间 X 中的一个规范正交系，则以下几个条件等价：

(1) S 是 X 的规范正交基；

(2) $\forall x\in X$，

$$x=\sum_{k=1}^{\infty}\langle x,e_k\rangle e_k;$$

(3) S 是 X 的极大(或完全)规范正交系：不可能再添加任何的非零元素使得新集合仍然是规范正交系；

(4) $S^{\perp}=\{\theta\}$；

(5) $\forall x\in X$，帕塞瓦尔(Parseval)等式成立：

$$\|x\|^2=\sum_{k=1}^{\infty}|\langle x,e_k\rangle|^2;$$

(6) $\forall x,y\in X$，

$$\langle x,y\rangle=\sum_{k=1}^{\infty}\langle x,e_k\rangle\langle y,e_k\rangle。$$

例 4.2.16 在 l^2 中，

$$e_n=(\underbrace{0,\cdots,0}_{n-1},1,0,\cdots),\quad n=1,2,\cdots$$

是一个规范正交基。

例 4.2.17 在 $L^2([-\pi,\pi])$中，$\forall f\in L^2([-\pi,\pi])$，在规范正交基

$$\left\{\frac{1}{\sqrt{2\pi}},\frac{\cos t}{\sqrt{\pi}},\frac{\sin t}{\sqrt{\pi}},\frac{\cos 2t}{\sqrt{\pi}},\frac{\sin 2t}{\sqrt{\pi}},\cdots\right\}$$

下的傅里叶级数形式为

$$f(t)=\frac{a_0}{2}\sqrt{2\pi}\,\frac{1}{\sqrt{2\pi}}+\sum_{k=1}^{\infty}\left(\sqrt{\pi}a_k\,\frac{\cos kt}{\sqrt{\pi}}+\sqrt{\pi}b_k\,\frac{\sin kt}{\sqrt{\pi}}\right),$$

其中

$$a_0=\frac{2}{\sqrt{2\pi}}\left\langle f(t),\frac{1}{\sqrt{2\pi}}\right\rangle=\frac{1}{\pi}\int_{-\pi}^{\pi}f(t)\mathrm{d}t,$$

$$a_k=\frac{1}{\sqrt{\pi}}\left\langle f(t),\frac{\cos kt}{\sqrt{\pi}}\right\rangle=\frac{1}{\pi}\int_{-\pi}^{\pi}f(t)\cos kt\,\mathrm{d}t,$$

$$b_k=\frac{1}{\sqrt{\pi}}\left\langle f(t),\frac{\sin kt}{\sqrt{\pi}}\right\rangle=\frac{1}{\pi}\int_{-\pi}^{\pi}f(t)\sin kt\,\mathrm{d}t。$$

本节最后介绍希尔伯特空间同构的性质。

定义 4.2.18 设$(X_1,\langle\cdot,\cdot\rangle_1)$与$(X_2,\langle\cdot,\cdot\rangle_2)$是两个内积空间，如果算子$T:X_1\to X_2$是一个线性双射算子，那么称$T$为一个线性同构；进一步的，若$T$还满足

$$\langle Tx,Ty\rangle_2=\langle x,y\rangle_1,\quad \forall x,y\in X_1,$$

则称内积空间$(X_1,\langle\cdot,\cdot\rangle_1)$与$(X_2,\langle\cdot,\cdot\rangle_2)$是**同构的**。

定理 4.2.19 为使希尔伯特空间X有至多可数的规范正交基，必须且仅须X是可分的；又若基的个数$N<+\infty$，则X同构于$\mathbb{R}^N$；若$N=+\infty$，则X同构于l^2[8], p.63。

4.3 最佳逼近与投影算子

在许多的数学问题中，比如函数逼近论，常常会遇到最佳逼近的问题：设X是赋范空间，集合$M\subset X$，$\forall x\in X\backslash M$是否存在唯一的$y_0\in M$使得

$$d(x,M)=\inf_{y\in M}d(x,y)=\inf_{y\in M}\|x-y\|=\|x-y_0\|。$$

若上式成立，则称$y_0\in M$是x在M中的**最佳逼近元**。明显地，如果对于M不加限制，即使在有限维空间中最佳逼近元也不一定存在，或者存在但不是唯一的。下面我们给出内积空间中最佳逼近元存在唯一的充分条件。

定义 4.3.1 设X是赋范空间，集合$M\subset X$，如果$\forall x,y\in M$都有

$$\{z=tx+(1-t)y:0\leqslant t\leqslant 1\}\subset M,$$

那么称M是X中的**凸集**。

定理 4.3.2 设M是内积空间X中的完备凸集，则$\forall x\in X\backslash M$，存在唯一的最佳逼近元$a\in M$，使得

$$\|x-a\|=d(x,M)=\inf_{y\in M}\|x-y\|。$$

证 (1) 存在性：设$d=d(x,M)$，则由下确界的定义，$\exists\{y_n\}\subset M$，使得

$$\lim_{n\to\infty}\|x-y_n\|=d。$$

下证$\{y_n\}$是柯西列。由M是凸集，$\forall m,n\in\mathbb{Z}^+$有

$$\frac{y_n+y_m}{2}\in M,\quad \left\|x-\frac{y_n+y_m}{2}\right\|\geqslant d。$$

再根据平行四边形法则得到

$$\begin{aligned}\|y_m-y_n\|^2&=\|(x-y_n)-(x-y_m)\|^2\\&=2(\|x-y_n\|^2+\|x-y_m\|^2)-\|(x-y_n)+(x-y_m)\|^2\\&=2(\|x-y_n\|^2+\|x-y_m\|^2)-4\left\|x-\frac{y_n+y_m}{2}\right\|^2\\&\leqslant 2(\|x-y_n\|^2+\|x-y_m\|^2)-4d^2\to 0,\end{aligned}$$

故$\{y_n\}$是 M 中的柯西列。由 M 的完备性,知道$\exists a\in M$ 使得

$$y_n\to a\quad(n\to\infty),$$

所以利用范数的连续性推出

$$\|x-a\|=\lim_{n\to\infty}\|x-y_n\|=d。$$

(2) 唯一性:假设还有 $b\in M$,使得

$$\|x-b\|=d。$$

再次使用平行四边形法则得到

$$\begin{aligned}\|a-b\|^2&=\|(x-b)-(x-a)\|^2\\&=2(\|x-b\|^2+\|x-a\|^2)-4\left\|x-\frac{a+b}{2}\right\|^2\\&\leqslant 2(d^2+d^2)-4d^2=0,\end{aligned}$$

故有 $a=b$。 证毕

注 由第 2 章知道,设 M 是完备距离空间(X,d)中的子集,则

$$(M,d)\text{ 完备}\Leftrightarrow M\text{ 为 }X\text{ 中的闭集}。$$

再根据子空间一定是凸集的事实,上面定理中的 M 是内积空间 X 中的完备凸集可以改为下面的两个条件之一:

(1) M 是内积空间 X 的完备子空间;

(2) M 是希尔伯特空间 X 的闭子空间。

定理 4.3.3(正交分解定理) 设 M 是希尔伯特空间 X 的闭子空间,则$\forall x\in X$,都有唯一的 $a\in M$,使得:

(1) a 是 x 在 M 上的最佳逼近元,即

$$\|x-a\|=d(x,M);$$

(2) a 是 x 在 M 上的**投影**,即 x 按 M 有唯一的分解

$$x=a+(x-a),$$

其中 $x-a\perp M$;进一步地,X 可分解为两个子空间 M 与 $M^{\perp}$ 的正交分解,即

$$X=M\oplus M^{\perp}。$$

证 (1) 因为闭子空间是一个完备凸集,故由上面定理,$\exists a\in M$,使得

$$\|x-a\|=d(x,M)。$$

(2) 由 a 的唯一性易知分解是唯一的;我们只需证明 $x-a\perp M$。记 $d=d(x,M)$,$\forall\lambda\in\mathbb{R}$,$y\in M$,$\|y\|=1$,有

$$\begin{aligned}d^2&\leqslant\|x-(a+\lambda y)\|^2=\|(x-a)-\lambda y\|^2\\&=\|x-a\|^2-2\lambda\langle x-a,y\rangle+|\lambda|^2\|y\|^2\\&=d^2-2\lambda\langle x-a,y\rangle+|\lambda|^2,\end{aligned}$$

取 $\lambda=\langle x-a,y\rangle$,得

$$d^2\leqslant d^2-|\langle x-a,y\rangle|^2,$$

因此

$$\langle x-a,y\rangle=0。$$

再由 y 的任意性,知 $x-a\perp M$;最后由正交分解的定义知

$$X=M\oplus M^{\perp}。$$

证毕

注 正交分解定理在$\mathbb{R}^3$中有非常直观的几何意义。设 L 是$\mathbb{R}^3$中的一个平面,点 x_0 在平面外,则点 x_0 到平面的最小距离点就是 x_0 在平面 L 上的投影 y_0,并且 x_0 与 y_0 的连线垂直于平面 L。

定义 4.3.4 设 M 是希尔伯特空间 X 的闭子空间,$\forall x\in X$,设 $a\in M$ 是 x 在 M 上的投影,定义算子 $P:X\to M$ 如下

$$Px=a,$$

称 P 为从空间 X 到 M 的**正交投影算子**,简称投影算子。

定理 4.3.5 设 M 是希尔伯特空间 X 的闭子空间,P 为从空间 X 到 M 的正交投影算子,则有:

(1) P 为线性有界算子;

(2) $\|P\|=1$;

(3) $P^2=P$。

证 (1) $\forall x,y\in X$,$k,l\in\mathbb{R}$,设

$$x=a_1+b_1,\quad y=a_2+b_2,$$

并且

$$Px=a_1,\quad Py=a_2,$$

即

$$b_1,b_2\in M^{\perp};$$

则有

$$kx+ly=(ka_1+la_2)+(kb_1+lb_2)。$$

根据正交分解定理及 $M^{\perp}$ 是 X 的子空间得

$$ka_1 + la_2 \in M,\quad kb_1 + lb_2 \in M^{\perp}。$$

再由正交分解的唯一性得

$$P(kx + ly) = ka_1 + la_2 = k(Px) + l(Py),$$

所以 P 是线性算子。

再根据正交分解定理有

$$Px \perp (x - Px),$$

所以

$$\| x \|^2 = \| Px + (x - Px) \|^2 = \| Px \|^2 + \| x - Px \|^2 \geqslant \| Px \|^2,$$

得到 $\| Px \| \leqslant \| x \|$，所以 P 为线性有界算子；

(2) 根据 $\| Px \| \leqslant \| x \|$，得到 $\| P \| \leqslant 1$；取 $y \in M$，则 $\| Py \| = \| y \|$，所以 $\| P \| = 1$。

(3) $\forall x \in H$，设 $Px = a$；再根据 $a \in M$，易知 $Pa = a$，故

$$P^2 x = P(Px) = Pa = a = Px,$$

根据 x 的任意性，有 $P^2 = P$。　　证毕

4.4 里斯定理

设 X 是希尔伯特空间，固定 $y \in X$，定义算子

$$f: x \to \langle x, y \rangle,\quad \forall x \in X,$$

可以证明 $f \in X^*$ 并且 $\| f \| = \| y \|$（证明留作习题）。另一方面，我们有下面的里斯(Riesz)定理（或者里斯表示定理）。

定理 4.4.1（里斯定理） 设 X 是希尔伯特空间，$\forall f \in X^*$，必存在唯一的 $y \in X$ 使得

$$f(x) = \langle x, y \rangle,\quad \forall x \in X, \tag{4.4.1}$$

并且 $\| f \| = \| y \|$。

注 设 $\boldsymbol{x} = (x_1, x_2, x_3)$，$\boldsymbol{y} = (a, b, c) \in \mathbb{R}^3$，则(4.4.1)式就是

$$f(\boldsymbol{x}) = \langle \boldsymbol{x}, \boldsymbol{y} \rangle = ax_1 + bx_2 + cx_3,$$

即要找的 $\boldsymbol{y}$ 就是平面 $f(\boldsymbol{x}) = 0$ 的法向量。下面定理的证明就是来源于这个思路。

证 存在性：如果 f 是零泛函，那么取 $y = 0$ 即可；因此，不妨设 f 不是零泛函，令

$$\ker(f) = \{x \in X : f(x) = 0\},$$

则 $\ker(f)$ 是闭线性真子空间。设 $\theta \neq x_0 \in (\ker(f))^{\perp}$，则 $f(x_0) \neq 0$。此时 $\forall x \in X$，根据 $f \in X^*$ 得到

$$f\left(x-\frac{f(x)x_0}{f(x_0)}\right)=f(x)-f\left(\frac{f(x)x_0}{f(x_0)}\right)=f(x)-\frac{f(x)f(x_0)}{f(x_0)}=0,$$

即 $x-\frac{f(x)x_0}{f(x_0)}\in \ker(f)$，所以

$$\left\langle x-\frac{f(x)x_0}{f(x_0)},x_0\right\rangle=0,$$

化简后得到

$$f(x)=\left\langle x,\frac{f(x_0)}{\|x_0\|^2}x_0\right\rangle,$$

取 $y=\frac{f(x_0)}{\|x_0\|^2}x_0$ 即为所求。另外，根据(4.4.1)式及施瓦茨不等式得到

$$|f(x)|=|\langle x,y\rangle|\leqslant\|x\|\|y\|,$$

所以 $\|f\|\leqslant\|y\|$；取 $x=y\neq\theta$，得到

$$|f(x)|=|\langle y,y\rangle|=\|y\|^2,$$

所以 $\|f\|=\|y\|$。

唯一性：反设存在 $y_1,y_2\in X$ 使得

$$f(x)=\langle x,y_1\rangle=\langle x,y_2\rangle,\quad \forall x\in X,$$

取 $x=y_1-y_2$ 得到 $\langle y_1-y_2,y_1-y_2\rangle=0$，推出 $y_1=y_2$。 证毕

例 4.4.2 设 $f\in(\mathbb{R}^n)^*$，则由里斯定理，对于任意的 $\boldsymbol{x}=(x_1,x_2,\cdots,x_n)\in\mathbb{R}^n$，存在唯一的 $\boldsymbol{y}=(y_1,y_2,\cdots,y_n)\in\mathbb{R}^n$ 使得

$$f(\boldsymbol{x})=\langle\boldsymbol{x},\boldsymbol{y}\rangle=x_1y_1+x_2y_2+\cdots+x_ny_n,$$

并且

$$\|f\|=\|\boldsymbol{y}\|=\sqrt{y_1^2+y_2^2+\cdots+y_n^2}。$$

另外，回想第3章中的共轭空间的定义，得到：

例 4.4.3 $\forall f\in(L^2([a,b]))^*$，由里斯定理存在唯一的 $y\in L^2([a,b])$ 使得

$$f(x)=\int_a^b x(t)y(t)\mathrm{d}x,\quad \forall x\in L^2([a,b]),$$

且 $\|f\|=\|y\|$。定义 $T:(L^2([a,b]))^*\to L^2([a,b])$ 如下

$$Tf=y,$$

则 T 是线性保距满射算子，所以

$$(L^2([a,b]))^*=L^2([a,b])。$$

更一般地，我们得到希尔伯特空间的共轭空间的性质如下。

定理 4.4.4 希尔伯特空间 X 和其共轭空间是同构的，即

$$X=X^*,$$

特别地，希尔伯特空间一定是自反的：$X=X^{**}$。

希尔伯特空间中的弱收敛与强收敛具有下列性质。

定理 4.4.5 设 H 是希尔伯特空间，$\{x_n\}\subset H$，$x\in H$，则：

(1) $x_n \xrightarrow{w} x \Leftrightarrow \forall y\in H, \langle x_n,y\rangle \to \langle x,y\rangle \quad (n\to\infty)$；

(2) $x_n\to x \Leftrightarrow x_n \xrightarrow{w} x$ 且 $\|x_n\|\to\|x\| \quad (n\to\infty)$。

证 (1) 由里斯表示定理，$\forall f\in H^*=H$，存在唯一的 $y\in H$ 使得

$$f(x)=\langle x,y\rangle,\quad \forall x\in H,$$

所以

$$\begin{aligned} x_n \xrightarrow{w} x &\Leftrightarrow \forall f\in H^*, f(x_n)\to f(x) \\ &\Leftrightarrow \forall y\in H, \langle x_n,y\rangle \to \langle x,y\rangle。\end{aligned}$$

(2) 必要性：设 $x_n\to x$，则当 $n\to\infty$ 时，根据

$$|\,\|x_n\|-\|y_n\|\,|\leqslant \|x_n-y_n\|\to 0,$$

得到 $\|x_n\|\to\|x\|$。$\forall y\in H$，再根据

$$|\langle x_n,y\rangle-\langle x,y\rangle|=|\langle x_n-x,y\rangle|\leqslant \|x_n-x\|\,\|y\|\to 0,$$

得到 $\langle x_n,y\rangle\to\langle x,y\rangle$，所以由(1)推出 $x_n\xrightarrow{w}x$。

充分性：根据 $\|x_n\|\to\|x\|$，$\langle x_n,y\rangle\to\langle x,y\rangle$，当 $n\to\infty$ 时，有

$$\begin{aligned}\|x_n-x\|^2 &= \langle x_n-x,x_n-x\rangle=\langle x_n,x_n\rangle-\langle x_n,x\rangle-\langle x,x_n\rangle+\langle x,x\rangle \\ &= \|x_n\|^2-2\langle x_n,x\rangle+\|x\|^2 \\ &\to \|x\|^2-2\langle x,x\rangle+\|x\|^2=0,\end{aligned}$$

故 $x_n\to x\,(n\to\infty)$。　　证毕

4.5 内积应用的例子

本节我们给出几个内积应用的例子，相关的证明可参考文献[4]。

例 4.5.1(内积与信号的相似性) 设有两个离散信号 x 与 y，用它们表示对同一目标的测量结果。由于测量手段或条件不同，信号 x 与 y 将产生变形。尽管出现了失真，但波形仍然是相似的。因此如何判断与衡量两个信号的相似性？具体的，用 $x=(x_1,x_2,\cdots,x_n,\cdots)$ 和 $y=(y_1,y_2,\cdots,y_n,\cdots)$ 表示两个离散的信号，它们都属于内积空间 $l^2(\mathbb{R})$，若

$$\|x\|=\sum_{n=1}^{\infty}x_n^2<+\infty,$$

则表示该信号 x 的能量是有限的。

如果两个信号 x 与 y 相似，记为 $x\approx\lambda y$，这里将 x 作为比较的基准。首先讨论如何选择参数 λ 使得 $x\approx\lambda y$ 成立。符号 $x\approx\lambda y$ 是指能量误差 $Q=\|x-\lambda y\|^2=\sum_{n=1}^{\infty}(x_n-\lambda y_n)^2$ 最小，此时 $\frac{\mathrm{d}Q}{\mathrm{d}\lambda}=0$，即

$$\lambda=\frac{\sum_{n=1}^{\infty}x_ny_n}{\sum_{n=1}^{\infty}y_n^2},$$

此时最小能量误差为

$$\min Q=\min_{\lambda}\sum_{n=1}^{\infty}(x_n-\lambda y_n)^2=\sum_{n=1}^{\infty}x_n^2-\frac{\left(\sum_{n=1}^{\infty}x_ny_n\right)^2}{\sum_{n=1}^{\infty}y_n^2},$$

最小相对能量误差为

$$\frac{\min Q}{\|x\|^2}=1-\frac{\left(\sum_{n=1}^{\infty}x_ny_n\right)^2}{\sum_{n=1}^{\infty}x_n^2\sum_{n=1}^{\infty}y_n^2}=1-\rho_{x,y}^2,$$

其中 $\rho_{x,y}=\left\langle\frac{1}{\|x\|}x,\frac{1}{\|y\|}y\right\rangle$ 称为 x 与 y 的规范相关系数。

由施瓦茨不等式可得 $|\rho_{x,y}|\leqslant1$，$|\rho_{x,y}|$ 越大，信号 x 与 y 越相似。特别地，

$$|\rho_{x,y}|=1\Leftrightarrow x=\lambda y,$$

此时 $\min Q=0$，即 x 与 y 完全相似。因此相关系数或者说内积可以用来反映两个信号的相似性。

定理 4.5.2 设 X 是赋范空间，若 $\boldsymbol{e}_1,\boldsymbol{e}_2,\cdots,\boldsymbol{e}_n$ 是 X 中给定的向量组，则 $\forall\boldsymbol{x}\in X$，存在最佳逼近系数 $\lambda_1,\lambda_2,\cdots,\lambda_n$ 使得[8], p. 34

$$\left\|\boldsymbol{x}-\sum_{i=1}^{n}\lambda_i\boldsymbol{e}_i\right\|=\min_{a_i\in\mathbf{R}}\left\|x-\sum_{i=1}^{n}a_ie_i\right\|。$$

例 4.5.3 设 $M\subset L^2([-\pi,\pi])$，其中

$$M=\{a\sin x+b\cos x:a,b\in\mathbb{R}\},$$

求 $y_0=a_1\sin x+b_1\cos x$ 使得

$$\|x-y_0\|=d(x,M)=\min_{a,b\in\mathbf{R}}\|x-(a\sin x+b\cos x)\|。$$

解 根据正交分解定理有 $x-y_0\in M^{\perp}$，则

$$\langle x-y_0,\sin x\rangle=\langle x-y_0,\cos x\rangle=0,$$

即 $\langle x,\sin x\rangle=\langle y_0,\sin x\rangle$ 及 $\langle x,\cos x\rangle=\langle y_0,\cos x\rangle$，因此

$$\int_{-\pi}^{\pi} x\sin x\,\mathrm{d}x = \int_0^{\pi}(a_1\sin x + b_1\cos x)\sin x\,\mathrm{d}x$$

$$= a_1\int_0^{\pi}\sin^2 x\,\mathrm{d}x + b_1\int_0^{\pi}\cos x\sin x\,\mathrm{d}x = \pi a_1,$$

$$\int_{-\pi}^{\pi} x\cos x\,\mathrm{d}x = \int_0^{\pi}(a_1\sin x + b_1\cos x)\cos x\,\mathrm{d}x$$

$$= a_1\int_0^{\pi}\sin x\cos x\,\mathrm{d}x + b_1\int_0^{\pi}\cos^2 x\,\mathrm{d}x = \frac{\pi}{2}b_1。$$

再根据

$$\int_{-\pi}^{\pi} x\sin x\,\mathrm{d}x = -2\int_0^{\pi} x\,\mathrm{d}\cos x = -2x\cos x\,\Big|_0^{\pi} + 2\int_0^{\pi}\cos x\,\mathrm{d}x = 2\pi,$$

得 $a_1 = 2$；根据 $\int_{-\pi}^{\pi} x\cos x\,\mathrm{d}x = 0$，得 $b_1 = 0$。因此 $y_0 = a_1\sin x + b_1\cos x = 2\sin x$。

最后研究点到空间的距离公式。

定义 4.5.4 设 X 是内积空间，$\{x_1, x_2, \cdots, x_n\}$ 是 X 的一个子集，则称 n 阶方阵

$$\boldsymbol{G}(x_1, x_2, \cdots, x_n) = \begin{bmatrix} \langle x_1, x_1\rangle & \langle x_1, x_2\rangle & \cdots & \langle x_1, x_n\rangle \\ \langle x_2, x_1\rangle & \langle x_2, x_2\rangle & \cdots & \langle x_2, x_n\rangle \\ \vdots & \vdots & & \vdots \\ \langle x_n, x_1\rangle & \langle x_n, x_2\rangle & \cdots & \langle x_n, x_n\rangle \end{bmatrix}$$

为格拉姆(Gram)矩阵。

定理 4.5.5 设 X 是内积空间，$\{x_1, x_2, \cdots, x_n\}$ 是 X 的一个子集，则 $\{x_1, x_2, \cdots, x_n\}$ 线性无关当且仅当格拉姆矩阵 $\boldsymbol{G}(x_1, x_2, \cdots, x_n)$ 可逆。此时，格拉姆矩阵 $\boldsymbol{G}(x_1, x_2, \cdots, x_n)$ 是正定的。

定理 4.5.6 设 E 是希尔伯特空间 H 的线性无关子集 $\{x_1, x_2, \cdots, x_n\}$ 张成的子空间。$\forall x \in H$，则 x 到 E 的距离为

$$d = \inf_{y\in E}\| x - y \| = \sqrt{\frac{|\boldsymbol{G}(x_1, x_2, \cdots, x_n, x)|}{|\boldsymbol{G}(x_1, x_2, \cdots, x_n)|}}。$$

证 根据正交分解定理可知，x 在 E 中存在最佳逼近元 y_0，故可设 $y_0 = \sum_{j=1}^{n}\lambda_j x_j$，并且 $(x - y_0) \in E^{\perp}$，即 $\forall i = 1, 2, \cdots, n$ 有

$$\left\langle x - \sum_{j=1}^{n}\lambda_j x_j, x_i \right\rangle = \sum_{j=1}^{n}\langle x - y_0, x_i\rangle = 0,$$

此式为 n 元线性方程组

$$\sum_{j=1}^{n}\lambda_j\langle x_j,x_i\rangle=\langle x,x_i\rangle,$$

由$\{x_1,x_2,\cdots,x_n\}$线性无关可得格拉姆矩阵$\boldsymbol{G}(x_1,x_2,\cdots,x_n)$是正定的，故有

$$|\boldsymbol{G}(x_1,x_2,\cdots,x_n)|\neq 0,$$

由线性代数中的克莱姆(Grammer)法则知识可知上述线性方程组有唯一解。

由正交分解定理可得，

$$d^2=\|x-y_0\|^2=\langle x-y,x-y\rangle=\langle x-y,x\rangle-\langle x-y,y\rangle,$$

由$(x-y)\in E^{\perp}$，知$\langle x-y,y\rangle=0$，所以

$$d^2=\langle x-y,x\rangle=\langle x,x\rangle-\sum_{j=1}^{n}\lambda_j\langle x_j,x\rangle,$$

因此可得

$$\begin{bmatrix}\langle x_1,x_1\rangle & \cdots & \langle x_n,x_1\rangle & 0\\ \langle x_1,x_2\rangle & \cdots & \langle x_n,x_2\rangle & 0\\ \vdots & & \vdots & \vdots\\ \langle x_1,x_n\rangle & \cdots & \langle x_n,x_n\rangle & 0\\ \langle x_1,x\rangle & \cdots & \langle x_n,x\rangle & 1\end{bmatrix}\begin{bmatrix}\lambda_1\\ \lambda_2\\ \vdots\\ \lambda_n\\ d^2\end{bmatrix}=\begin{bmatrix}\langle x,x_1\rangle\\ \langle x,x_2\rangle\\ \vdots\\ \langle x,x_n\rangle\\ \langle x,x\rangle\end{bmatrix},$$

由克莱姆法则可得

$$d^2=\frac{|\boldsymbol{G}(x_1,x_2,\cdots,x_n,x)|}{|\boldsymbol{G}(x_1,x_2,\cdots,x_n)|},\quad \text{即}\quad d=\sqrt{\frac{|\boldsymbol{G}(x_1,x_2,\cdots,x_n,x)|}{|\boldsymbol{G}(x_1,x_2,\cdots,x_n)|}}。$$

另外由克莱姆法则求解n元线性方程组$\sum_{j=1}^{n}\lambda_j\langle x_j,x_i\rangle=\langle x,x_i\rangle$可得最佳逼近元$y_0$的表达式，即

$$y_0=\sum_{j=1}^{n}\lambda_j x_j,$$

其中

$$\lambda_j=\frac{|\boldsymbol{G}(x_1,\cdots,x_{j-1},x,x_{j+1},\cdots,x_n)|}{|\boldsymbol{G}(x_1,x_2,\cdots,x_n)|},\quad j=1,2,\cdots,n。$$

证毕

习题 4

1. $\forall x(t),y(t)\in L^2([a,b])$，定义

$$\langle x,y\rangle=\int_a^b x(t)y(t)\mathrm{d}t,$$

证明$(L^2([a,b]),\langle\cdot,\cdot\rangle)$是一个内积空间。

2. 设 X 是内积空间，若 $x_1,x_2,\cdots,x_n$ 在 X 中两两正交，则

$$\left\|\sum_{k=1}^{n}x_k\right\|^2=\sum_{k=1}^{n}\|x_k\|^2。$$

3. 不含零元素的正交系中的向量组是线性无关的。

4. 设 M 是希尔伯特空间的闭子空间，则

$$(M^{\perp})^{\perp}=M。$$

5. 设 M 是希尔伯特空间 H 的闭子空间，P 为从 H 到 M 的正交投影算子。证明 $\forall x\in H$ 有

$$\|Px\|^2=\langle Px,x\rangle。$$

6. 设 X 是希尔伯特空间，固定 $y\in X$，定义

$$f:x\rightarrow\langle x,y\rangle,\quad \forall x\in X,$$

证明 $f\in X^*$ 并且 $\|f\|=\|y\|$。

第5章

巴拿赫空间中的基本理论

本章主要列举巴拿赫空间中的几个基本定理,其中汉恩-巴拿赫(Hahn-Banach)泛函延拓定理、一致有界性定理与逆算子定理并称为泛函分析的三大基本定理,其应用几乎贯穿于整个泛函分析。

5.1 延拓定理与共轭算子

1. 泛函延拓定理

我们知道,在平面$\mathbb{R}^2$上的一条直线$ax+by=0$可以延拓为$\mathbb{R}^3$中的平面

$$ax+by+cz=0,$$

类似地,在无限维赋范空间中,子空间上的泛函也可以延拓为全空间上的泛函。

定理5.1.1(汉恩-巴拿赫泛函延拓定理) 设X_0是赋范空间X的子空间,f_0是定义在X_0上的有界线性泛函,则f_0可以保范延拓到全空间X上,即存在X上的有界线性泛函f满足:

① (延拓)$f(x)=f_0(x)$,$\forall x\in X_0$;

② (保范)$\|f\|_X=\|f_0\|_{X_0}$。

注 此证明可参考文献[2,8]等,下面我们在希尔伯特空间中给出证明。

定理5.1.2 设X_0是希尔伯特空间X的闭子空间,f_0是定义在X_0上的有界线性泛函,则存在X上的有界线性泛函f,它是f_0的保范延拓,即:

① (延拓)$f(x)=f_0(x)$,$\forall x\in X_0$;

② (保范)$\|f\|_X=\|f_0\|_{X_0}$。

证 因为X_0是希尔伯特空间X的闭子空间,所以X_0也是希尔伯特空间。在X_0中使用里斯定理,$\exists y\in X_0$使得

$$\| y \|_{X_0} = \| f_0 \|_{X_0},$$

并且

$$f_0(x) = \langle x, y \rangle, \quad \forall x \in X_0。$$

设 P 是从 X 到 X_0 上的正交投影算子,定义线性泛函

$$f(x) = \langle Px, y \rangle, \quad \forall x \in X。$$

① 因为

$$f(x) = \langle Px, y \rangle = \langle x, y \rangle = f_0(x), \quad x \in X_0,$$

所以延拓结论成立。

② $\forall x \in X$,根据

$$| f(x) | = | \langle Px, y \rangle | \leqslant \| Px \|_X \| y \|_X \leqslant \| x \|_X \| y \|_{X_0} = \| f_0 \|_{X_0} \| x \|_X,$$

故 f 是 X 上的有界线性泛函,且 $\| f \|_X \leqslant \| f_0 \|_{X_0}$;再根据

$$\| f_0 \|_{X_0} = \sup_{x \in X_0, \| x \| = 1} \| f_0(x) \| \leqslant \sup_{x \in X, \| x \| = 1} \| f(x) \| = \| f \|_X,$$

故有

$$\| f \|_X = \| f_0 \|_{X_0},$$

即保范结论成立。 证毕

下面我们给出延拓定理的几个推论。

定理 5.1.3 设 X 是赋范空间,$\forall x_0 \in X \setminus \{\theta\}$,存在 X 上的有界线性泛函 f 使得

$$\| f \| = 1, \quad 并且\ f(x_0) = \| x_0 \|。$$

证 设 X 中的一维子空间

$$X_1 = \{ a x_0 : a \in \mathbb{R} \},$$

定义线性泛函

$$f_1(x) = f_1(a x_0) = a \| x_0 \|, \quad x = a x_0 \in X_1,$$

则有

$$| f_1(x) | = | a | \| x_0 \| = \| x \|,$$

故 $f_1(x)$是 X_1 上的有界线性泛函,并且 $\| f_1 \|_{X_1} = 1$。由汉恩-巴拿赫泛函延拓定理,存在 X 上的有界线性泛函 f 满足

$$\| f \|_X = \| f_1 \|_{X_1} = 1,$$

并取 $x = x_0$ 时

$$f(x_0) = f_1(x_0) = \| x_0 \|。$$

证毕

下面我们说明赋范空间中有“足够多”的连续线性泛函,即多到足以用来分辨不同的元素:当 $x \neq y$ 时,存在一个连续线性泛函 f 使得 $f(x) \neq f(y)$。

定理 5.1.4 设 X 是赋范空间，$x,y\in X$，如果对于 X 上的任意有界线性泛函 f 都有

$$f(x)=f(y),$$

那么 $x=y$。

证 反设 $x\neq y$，由上面的定理，存在 X 上的有界线性泛函 f，使得

$$f(x-y)=\|x-y\|\neq 0。$$

但由 f 的线性性质得到

$$f(x-y)=f(x)-f(y)=0,$$

矛盾，所以 $x=y$。 证毕

注 此定理也给出了判别赋范空间中零元的方法：对于 X 上的任意有界线性泛函 f，

$$x=\theta\Leftrightarrow f(x)=0。$$

2. 共轭算子

下面我们用汉恩-巴拿赫泛函延拓定理研究共轭算子。

定义 5.1.5 设 X,Y 是赋范空间，T 是从 X 到 Y 的有界线性算子，算子 $T^*:Y^*\to X^*$ 定义为

$$(T^*f)(x)=f(Tx),\quad \forall f\in Y^*,\forall x\in X,$$

称 T^* 为算子 T 的**共轭算子**(或者**对偶算子**)。

注 设 $T:\mathbb{R}^n\to\mathbb{R}^m$ 是由矩阵为 $\boldsymbol{A}_{m\times n}$ 确定的线性算子，则 T 的对偶算子 $T^*:\mathbb{R}^m\to\mathbb{R}^n$ 所对应的矩阵为 $\boldsymbol{A}^{\mathrm{T}}$。我们可把共轭算子看成有限维空间中转置矩阵的推广，具体的性质可参考文献[8]。

定理 5.1.6 设 X,Y 是赋范空间，T 是从 X 到 Y 的有界线性算子，算子 $T^*:Y^*\to X^*$ 为 T 的共轭算子，则 T^* 是有界线性算子，且

$$\|T^*\|=\|T\|。$$

证 (1) $\forall x,y\in X,\alpha,\beta\in\mathbb{R}$，由算子 T 与 f 的线性性质可得

$$\begin{aligned}(T^*f)(\alpha x+\beta y)&=f(T(\alpha x+\beta y))=f(\alpha Tx+\beta Ty)\\&=\alpha f(Tx)+\beta f(Ty)=\alpha(T^*f)(x)+\beta(T^*f)(y),\end{aligned}$$

所以 T^* 是线性的。

(2) 根据

$$|T^*f(x)|=|f(Tx)|\leqslant\|f\|\|Tx\|\leqslant\|f\|\|T\|\|x\|,$$

得到

$$\|T^*f\|\leqslant\|T\|\|f\|,$$

所以

$$\|T^*\|\leqslant\|T\|,$$

即 T^* 是有界的算子。

(3) $\forall x_0 \in X$,有 $Tx_0 \in Y$。若 $Tx_0 \neq \theta$,运用汉恩-巴拿赫泛函延拓定理,则 $\exists f \in Y^*$,使得

$$\| f \| = 1, f(Tx_0) = \| Tx_0 \|,$$

故

$$\begin{aligned} \| Tx_0 \| &= | f(Tx_0) | = | (T^* f)(x_0) | \\ &\leqslant \| T^* f \| \| x_0 \| \leqslant \| T^* \| \| f \| \| x_0 \| \\ &= \| T^* \| \| x_0 \|, \end{aligned}$$

若 $Tx_0 = \theta$,则上式也成立,即有

$$\| T \| \leqslant \| T^* \|,$$

所以 $\| T^* \| = \| T \|$。 证毕

定义 5.1.7 设 T 是从希尔伯特空间 X 到 X 的有界线性算子,$T^*: X^* \to X^*$ 为 T 的共轭算子。

(1) 若 $T^* = T$,则称 T 为**自伴算子**;

(2) 若 $TT^* = T^* T$,则称 T 为**正规算子**;

(3) 若 T 是双射且 $T^* = T^{-1}$,则称 T 为**酉算子**。

注 关于上面算子的基本性质,可以参考文献[2]等。

例 5.1.8 设 T 是一阶微分算子 $Tu = \dfrac{\mathrm{d}u}{\mathrm{d}t}$,其定义域为

$$D(T) = \{u : u(t) \in L^2([0,1]), u(0) = 0\},$$

求共轭算子 T^*。

证 根据

$$\begin{aligned} (Tu)v &= \int_0^1 \frac{\mathrm{d}u}{\mathrm{d}t} v \,\mathrm{d}t = \int_0^1 \frac{\mathrm{d}(uv)}{\mathrm{d}t} - \int_0^1 \frac{\mathrm{d}v}{\mathrm{d}t} u \,\mathrm{d}t \\ &= -\int_0^1 \frac{\mathrm{d}v}{\mathrm{d}t} u \,\mathrm{d}t + (uv) \big|_{t=1}, \end{aligned}$$

若 T^* 的定义域为

$$D(T^*) = \{v : v(t) \in L^2([0,1]), u(1) = 0\},$$

则 $T^* = -\dfrac{\mathrm{d}}{\mathrm{d}t}$。明显地,$T \neq T^*$ 并且 $D(T) \neq D(T^*)$,所以 T 不是自伴算子。

5.2 一致有界性定理

下面我们研究算子列的一致有界性。设 X, Y 是赋范空间,从 X 到 Y 的有界线性算子的集合记为 $B(X, Y)$。

定理 5.2.1(一致有界性定理) 设 X 是巴拿赫空间,Y 是赋范空间,算子列 $\{T_n\}_{n\in\mathbf{Z}^+}\subset B(X,Y)$。若对于每个 $x\in X$,有

$$\| T_n x \| \leqslant C_x, \quad \forall n \in \mathbb{Z}^+,$$

这里 C_x 是与 x 有关的实数,则算子序列 $\{T_n\}$ 一致有界,即存在与 x 无关的常数 C 使得

$$\| T_n \| \leqslant C, \quad \forall n \in \mathbb{Z}^+。$$

一致有界性定理的逆否命题就是下面的共鸣定理。

定理 5.2.2(共鸣定理) 设 X 是巴拿赫空间,Y 是赋范空间,$\{T_n\}_{n\in\mathbf{Z}^+}\subset B(X,Y)$。若 $\{T_n\}$ 不是一致有界的,即

$$\sup_{n\in\mathbf{Z}^+} \| T_n \| = +\infty,$$

则 $\exists x_0\in X$,使得

$$\sup_{n\in\mathbf{Z}^+} \| T_n x_0 \| = +\infty。$$

注 定理中的 $\sup\limits_{n\in\mathbf{Z}^+} \| T_n \| = +\infty$ 等价于存在 $\{T_n\}\subset B(X,Y)$ 和点列 $\{x_n\}\subset X$,当 $\| x_n \| = 1$ 时有

$$\sup_{n\in\mathbf{Z}^+} \| T_n x_n \| = +\infty,$$

此时,必存在 $x_0\in X$ 使得

$$\sup_{n\in\mathbf{Z}^+} \| T_n x_0 \| = +\infty;$$

因此,此定理说明若序列 $\| T_n x_n \|$ 无界,则必有一个点列 $\| T_n x_0 \|$ 无界,这就是“共鸣”一词的由来。

下面我们列举几个一致有界性定理(或者共鸣定理)的应用。

定理 5.2.3 设 X 是赋范空间,点列 $\{x_n\}\subset X$ 弱收敛于 x,则:

(1) 弱极限 x 唯一;

(2) $\{x_n\}$ 有界。

证 (1) 反设 $x_n \xrightarrow{\text{w}} x$ 及 $x_n \xrightarrow{\text{w}} y\,(n\to\infty)$,则 $\forall f\in X^*$,有

$$\lim_{n\to\infty} f(x_n) = f(x), \quad \lim_{n\to\infty} f(x_n) = f(y),$$

由数列极限的唯一性,知

$$f(x) = f(y),$$

再由汉恩-巴拿赫泛函延拓定理得到 $x=y$。

(2) 设 $x\in X\subset X^{**}$,$\forall f\in X^*$,定义 $J_x(f) \stackrel{\text{def}}{=} f(x): X^* \to \mathbb{R}$,容易证明 J_x 是线性的,并且由

$$\| J_x(f) \| = \| f(x) \| \leqslant \| f \| \, \| x \|,$$

得到 $\| J_x \| \leqslant \| x \|$,即 $J_x \in X^{**}$;当 $x\neq\theta$ 时,根据汉恩-巴拿赫延拓定理,

$\exists f_0 \in X^*$ 使得

$$\|f_0\|=1, \quad f_0(x)=\|x\|,$$

所以

$$\|J_x\|=\sup_{\|f\|=1}|J_x(f)|=\sup_{\|f\|=1}|f(x)|\geqslant|f_0(x)|=\|x\|,$$

故 $\|J_x\|=\|x\|$。

根据 $\{x_n\}\subset X$ 弱收敛于 x，$\forall f\in X^*$，有

$$f(x_n)\to f(x),$$

即 $f(x_n)$ 为收敛数列，故 $f(x_n)$ 是有界的；再根据

$$\sup_{n\in\mathbf{Z}^+}|J_{x_n}(f)|=\sup_{n\in\mathbf{Z}^+}|f(x_n)|<+\infty,$$

由共鸣定理，存在常数 $M>0$ 使得 $\|J_{x_n}\|\leqslant M$，即 $\|x_n\|=\|J_{x_n}\|\leqslant M$。 证毕

定义 5.2.4 设 X,Y 是巴拿赫空间，$\{T_n\}_{n\in\mathbf{Z}^+}\subset B(X,Y)$。若 $\forall x\in X$，存在算子 $T\in B(X,Y)$ 满足

$$\|T_nx-Tx\|\to 0 \quad (n\to\infty),$$

则称 $\{T_n\}$ 强收敛于 T。

例 5.2.5 设 X,Y 是巴拿赫空间，$\{T_n\}_{n\in\mathbf{Z}^+}\subset B(X,Y)$。则 $\{T_n\}$ 强收敛于 T 的充分必要条件是：

(1) $\|T_n\|$ 一致有界；

(2) 对于 X 中的稠密子集 D 中的任意元素 y，$\{T_ny\}$ 都收敛。

证 必要性：若 $\forall x\in X$，$\{T_n\}$ 强收敛于 T，即 $\|T_nx-Tx\|\to 0(n\to\infty)$，根据

$$\|T_nx\|\leqslant\|T_nx-Tx\|+\|Tx\|,$$

得到 $\|T_nx\|$ 有界，由共鸣定理知道 $\|T_n\|$ 一致有界；条件(2)显然。

充分性：设

$$\|T_n\|\leqslant M, \quad \forall n\in\mathbb{Z}^+;$$

$\forall x\in X$ 及 $\varepsilon>0$，由 D 在 X 中稠密，知存在 $y\in D$ 使得

$$\|x-y\|<\frac{\varepsilon}{3M}。$$

又因为 $\{T_ny\}$ 收敛，知 $\exists N\in\mathbb{Z}^+$，当 $m,n>N$ 时

$$\|T_ny-T_my\|\leqslant\frac{\varepsilon}{3};$$

因此

$$\begin{aligned}\|T_nx-T_mx\|&\leqslant\|T_nx-T_ny\|+\|T_ny-T_my\|+\|T_my-T_mx\|\\&\leqslant\|T_n\|\cdot\|x-y\|+\frac{\varepsilon}{3}+\|T_m\|\cdot\|x-y\|\end{aligned}$$

$$\leqslant M \cdot \frac{\varepsilon}{3M} + \frac{\varepsilon}{3} + M \cdot \frac{\varepsilon}{3M} = \varepsilon,$$

故$\{T_n x\}$是空间Y中的柯西列，由Y的完备性知存在$y \in Y$使得$\{T_n x\}$收敛于y。

设$Tx = y$，根据$\{T_n\}$的线性性质易得到算子T的线性性质，下面证明算子T有界。由

$$\| T_n x - Tx \| \to 0 \quad (n \to \infty)$$

及共鸣定理知$\| T_n - T \|$一致有界。再根据

$$\| T \| \leqslant \| T - T_n \| + \| T_n \|,$$

得到T有界。 证毕

例 5.2.6(**傅里叶级数的发散性问题**[7]) 设$x \in C([-\pi, \pi])$，则x的傅里叶级数为

$$\frac{a_0}{2} + \sum_{k=1}^{\infty} (a_k \cos kt + b_k \sin kt),$$

其中

$$a_k = \frac{1}{\pi} \int_{-\pi}^{\pi} x(t) \cos kt \, dt, \quad k = 0, 1, 2, \cdots,$$

$$b_k = \frac{1}{\pi} \int_{-\pi}^{\pi} x(t) \sin kt \, dt, \quad k = 1, 2, \cdots。$$

证明存在$x_0 \in C([-\pi, \pi])$，使得x_0的傅里叶级数在$t = 0$处发散。

证 (1) 对于任意的$x \in C([-\pi, \pi])$，在$t = 0$处的傅里叶级数为

$$\frac{a_0}{2} + \sum_{k=1}^{\infty} a_k,$$

若设$T_n: C([-\pi, \pi]) \to \mathbb{R}$为

$$T_n x = \frac{a_0}{2} + \sum_{k=1}^{n} a_k = \frac{1}{\pi} \int_{-\pi}^{\pi} x(t) \left[\frac{1}{2} + \sum_{k=1}^{n} \cos kt \right] dt$$

$$= \frac{1}{\pi} \int_{-\pi}^{\pi} x(t) D_n(t) \, dt,$$

其中

$$D_n(t) = \frac{1}{2} + \sum_{k=1}^{n} \cos kt = \frac{1}{2} + \sum_{k=1}^{n} \frac{\cos kt \sin \frac{1}{2} t}{\sin \frac{1}{2} t}$$

$$= \frac{1}{2} + \sum_{k=1}^{n} \frac{\sin\left(k + \frac{1}{2}\right) t - \sin\left(k - \frac{1}{2}\right) t}{2 \sin \frac{1}{2} t}$$

$$=\frac{1}{2}+\frac{\sin\left(n+\frac{1}{2}\right)t-\sin\frac{1}{2}t}{2\sin\frac{1}{2}t}=\frac{\sin\left(n+\frac{1}{2}\right)t}{2\sin\frac{1}{2}t},$$

则有

$$\begin{aligned}\|T_nx\|&=\left|\frac{1}{\pi}\int_{-\pi}^{\pi}x(t)D_n(t)\mathrm{d}t\right|\leqslant\frac{1}{\pi}\int_{-\pi}^{\pi}|x(t)||D_n(t)|\mathrm{d}t\\&\leqslant\frac{1}{\pi}\int_{-\pi}^{\pi}\max_{t\in[-\pi,\pi]}|x(t)||D_n(t)|\mathrm{d}t\\&=\frac{2}{\pi}\int_0^{\pi}|D_n(t)|\mathrm{d}t\,\|x\|,\end{aligned}$$

故 T_n 有界，且

$$\|T_n\|\leqslant\frac{2}{\pi}\int_0^{\pi}|D_n(t)|\mathrm{d}t。$$

(2) 下面来计算 $\|T_n\|$。令

$$f_m(t)=\frac{D_n(t)}{|D_n(t)|+\frac{1}{m}},$$

则有 $f_m\in C([-\pi,\pi])$，$\|f_m\|\leqslant 1$。再根据

$$\begin{aligned}\|T_n\|&=\sup_{\|x\|\leqslant 1}\|T_nx\|\geqslant\|T_nf_m\|=\left|\frac{1}{\pi}\int_{-\pi}^{\pi}f_m(t)D_n(t)\mathrm{d}t\right|\\&=\frac{1}{\pi}\int_{-\pi}^{\pi}\frac{D_n^2(t)}{|D_n(t)|+\frac{1}{m}}\mathrm{d}t\geqslant\frac{1}{\pi}\int_{-\pi}^{\pi}\frac{D_n^2(t)-\frac{1}{m^2}}{|D_n(t)|+\frac{1}{m}}\mathrm{d}t\\&=\frac{1}{\pi}\int_{-\pi}^{\pi}\left(|D_n(t)|-\frac{1}{m}\right)\mathrm{d}t\\&=\frac{2}{\pi}\int_0^{\pi}|D_n(t)|\mathrm{d}t-\frac{2}{m},\end{aligned}$$

令 $m\to\infty$ 得到

$$\|T_n\|=\frac{2}{\pi}\int_0^{\pi}|D_n(t)|\mathrm{d}t。$$

(3) 另外，

$$\|T_n\|=\frac{2}{\pi}\int_0^{\pi}|D_n(t)|\mathrm{d}t\geqslant\frac{1}{\pi}\int_0^{\pi}\frac{\left|\sin\left(n+\frac{1}{2}\right)t\right|}{\frac{1}{2}t}\mathrm{d}t$$

$$
\begin{aligned}
&=\frac{2}{\pi}\int_{0}^{(n\pi+\pi/2)}\frac{|\sin s|}{s}\mathrm{d}s\geqslant\frac{2}{\pi}\int_{0}^{n\pi}\frac{|\sin s|}{s}\mathrm{d}s\\
&=\frac{2}{\pi}\sum_{k=0}^{n-1}\int_{k\pi}^{(k+1)\pi}\frac{|\sin s|}{s}\mathrm{d}s\\
&\geqslant\frac{2}{\pi}\sum_{k=0}^{n-1}\frac{1}{(k+1)\pi}\int_{k\pi}^{(k+1)\pi}|\sin s|\mathrm{d}s\\
&=\frac{4}{\pi^2}\sum_{k=0}^{n-1}\frac{1}{k+1}=\frac{4}{\pi^2}\sum_{k=1}^{n}\frac{1}{k}。
\end{aligned}
$$

再由调和级数 $\sum_{k=1}^{\infty}\frac{1}{k}$ 的发散性，得

$$\sup_{n\in\mathbf{Z}^+}\|T_n\|=+\infty,$$

故由共鸣定理，知 $x_0\in C([-\pi,\pi])$，使得

$$\sup_{n\in\mathbf{Z}^+}\|T_nx_0\|=+\infty,$$

所以 x_0 在 $t=0$ 处的傅里叶级数发散。 证毕

5.3 逆算子定理

设 X,Y 是赋范空间，$T:X\to Y$ 是线性有界算子，若 T 是单射，则逆算子 T^{-1} 存在，自然的我们就会问 T^{-1} 的相关性质，比如 T^{-1} 是否为线性或者有界算子等，下面的定理回答了这个问题。

定理 5.3.1(逆算子定理) 设 X,Y 是巴拿赫空间，$T:X\to Y$ 是有界线性算子，若 T 是双射，则 T 的逆算子存在且 $T^{-1}:Y\to X$ 也是有界线性算子。

在给出此定理的证明之前，我们先研究另一个重要的定理：闭图像定理，并指出逆算子定理与闭图像定理可以相互证明。

定义 5.3.2 设 X,Y 是赋范空间，$T:D(T)\to Y$ 是线性算子，则 $X\times Y$ 的子集

$$G(T)=\{(x,Tx):x\in D(T)\}$$

称为算子 T 的**图像**。

注 在空间 $X\times Y=\{(x,y):x\in X,y\in Y\}$ 中定义

$$a(x,y)=(ax,ay),\quad \forall a\in\mathbb{R},$$

$$(x_1,y_1)+(x_2,y_2)=(x_1+x_2,y_1+y_2),$$

则容易证明 $X\times Y$ 为线性空间；另外，设

$$\|(x,y)\|=\|x\|+\|y\|,$$

易知空间 $X\times Y$ 按照 $\|(x,y)\|$ 成为赋范空间，此时 $X\times Y$ 称为**乘积空间**，$\|(x,y)\|$

称为乘积空间的**积范数**。

定义 5.3.3 设 X,Y 是赋范空间，$T:X\to Y$ 是线性算子，若 T 的图像 $G(T)$ 是 $X\times Y$ 中的闭子集，则称 T 为**闭算子**。

定义 5.3.4 设 X,Y 是赋范空间，$T:X\to Y$ 是线性算子，则 T 是闭算子的充分必要条件是：

$$x_n\to x \text{ 及 } Tx_n\to y(n\to\infty)\Rightarrow y=Tx。$$

证 必要性：由 $x_n\to x, Tx_n\to y$，得

$$(x_n,Tx_n)\to(x,y),\quad n\to\infty,$$

由 $G(T)$ 是 $X\times Y$ 中的闭子集，得 $(x,y)\in G(T)$，根据定义得到 $y=Tx$。

充分性：设 $(x_n,Tx_n)\in G(T)$，并且

$$(x_n,Tx_n)\to(x,y),\quad n\to\infty,$$

根据积范数，我们得到

$$\|(x_n,Tx_n)-(x,y)\|=\|(x_n-x,Tx_n-y)\|=\|x_n-x\|+\|Tx_n-y\|\to 0,$$

所以得到 $x_n\to x, Tx_n\to y$，从而有 $y=Tx$，即

$$(x,y)=(x,Tx)\in G(T),$$

故 $G(T)$ 是 $X\times Y$ 中的闭子集。 证毕

定理 5.3.5(闭图像定理) 设 X,Y 是巴拿赫空间，$T:X\to Y$ 是线性算子，若 T 是闭算子，则 T 为有界算子。

证 因为 X,Y 是巴拿赫空间，故 $X\times Y$ 按照积范数 $\|(x,y)\|=\|x\|+\|y\|$ 是巴拿赫空间。由于 $G(T)$ 是 $X\times Y$ 的闭子空间，故 $G(T)$ 也是巴拿赫空间。

定义 $P:D(T)\to X$ 为

$$P(x,Tx)=x,$$

则 P 是一一对应的线性算子，并且由

$$\|P(x,Tx)\|=\|x\|\leqslant\|x\|+\|Tx\|=\|(x,Tx)\|$$

知道 P 还是有界算子。由逆算子定理，P^{-1} 存在且为线性有界算子。再根据

$$\|Tx\|\leqslant\|x\|+\|Tx\|=\|(x,Tx)\|=\|P^{-1}(x)\|\leqslant\|P^{-1}\|\|x\|,$$

得 T 是有界的算子。 证毕

注 定理说明，在完备赋范空间中，线性闭算子一定是有界算子。下面的例子说明一般的赋范空间的闭线性算子不一定是有界性算子，究其原因，在于 $C^1([0,1])$ 在空间 $C([0,1])$ 的范数下不完备。

例 5.3.6 对于无界线性微分算子

$$T=\frac{\mathrm{d}}{\mathrm{d}t}:C^1([0,1])\to C([0,1]),$$

证明 T 为闭算子。

证 算子 T 的图像是

$$G(T)=\{(x,x'):x\in C^1([0,1])\}。$$

设有 $\{x_n\}\subset C^1([0,1])$，使得 $x_n\to x$，$Tx_n\to y$，即

$$\|(x_n,Tx_n)-(x,y)\|=\|(x_n-x,Tx_n-y)\|=\|x_n-x\|+\|Tx_n-y\|\to 0。$$

由于 $C([a,b])$ 中点列的收敛等价于函数列的一致收敛，故 $(Tx_n)(t)=(x_n(t))'$ 一致收敛到 y，故 $x_n(t)$ 可微并且 $(x(t))'=y(t)$，即 $(x,y)\in G(T)$。这就证明了 $G(T)$ 是 $X\times Y$ 的闭集，因而 T 为闭算子。 证毕

注 闭图像定理也告诉我们，巴拿赫空间 X 中的无界闭算子的定义域不能是闭集，至多在 X 中稠密。例如，微分算子的定义域只能是 $C([a,b])$ 中的稠密子集 $C^1([a,b])$，而不能是空间 $C([a,b])$。

定理 5.3.7 用闭图像定理证明逆算子定理。

证 设 X,Y 是巴拿赫空间，$T:X\to Y$ 是有界线性双射算子。

(1) 因为 T 是双射，所以 T 的逆算子 $T^{-1}:Y\to X$ 存在；再根据 T 是单射，得到

$$\ker(T)=\{\theta\},$$

所以 $\forall a,b\in\mathbb{R}$，根据 T 的线性性有

$$\begin{aligned}T(T^{-1}(ax+by)-aT^{-1}x-bT^{-1}y)&=T(T^{-1}(ax+by))-T(aT^{-1}x+bT^{-1}y)\\&=TT^{-1}(ax+by)-(aTT^{-1}x+bTT^{-1}y)\\&=ax+by-(ax+by)=\theta,\end{aligned}$$

得到

$$T^{-1}(ax+by)=aT^{-1}x+bT^{-1}y,$$

故是 T^{-1} 线性算子。

(2) T^{-1} 的图像为

$$G(T^{-1})=\{(y,T^{-1}y):y\in Y\}。$$

若设 $(y_n,T^{-1}y_n)\to(y_0,x_0)$，则

$$y_n\to y_0,T^{-1}y_n\to x_0\quad(n\to\infty)。$$

设 $x_n=T^{-1}y_n$，则

$$x_n\to x_0,\quad Tx_n\to y_0\quad(n\to\infty)。$$

因为 T 是连续的，所以

$$Tx_0=\lim_{n\to\infty}Tx_n=y_0,$$

即 $x_0=T^{-1}y_0$。这样 $(y_0,x_0)\in G(T^{-1})$。于是我们证明了 $G(T^{-1})$ 在 $Y\times X$ 中是闭集，故 T^{-1} 是闭算子。由闭算子定理，T^{-1} 是有界的。 证毕

习题 5

1. 设$\{x_n\}$是赋范空间 X 中的点列，$\|x_n\|\leqslant 1(\forall n\in\mathbb{Z}^+)$，并且$\{x_n\}$弱收敛于 x，请用汉恩-巴拿赫延拓定理证明$\|x\|\leqslant 1$。

2. 设 X 是赋范空间，Y 是巴拿赫空间，X_0 是 X 的稠密子空间，若 T_0 是 X_0 到 Y 的有界线性算子，则 T_0 可以唯一地延拓为 X 到 Y 的有界线性算子，即存在唯一的 $T\in B(X,Y)$使得$\|T\|=\|T_0\|$，并且

$$Tx=T_0x,\quad x\in X_0。$$

3. 设实数列$\{a_k\}$对任何满足$\sum\limits_{k=1}^{\infty}b_k^2<+\infty$的实数列$\{b_k\}$，都有

$$\sum_{k=1}^{\infty}|a_kb_k|<+\infty,$$

试用共鸣定理证明：

$$\sum_{k=1}^{\infty}a_k^2<+\infty。$$

4. 设 X,Y 是巴拿赫空间，其中 X 为自反空间，$T\in B(X,Y)$，算子 T 为紧算子的充要条件为

$$x_n\xrightarrow{\mathrm{w}}x\Rightarrow Tx_n\to Tx。$$

5. 设 X,Y 是赋范空间，$T:X\to Y$ 是有界线性算子，则 T^{-1} 存在且有界的充要条件是存在常数 $M>0$ 使得

$$\|Tx\|\geqslant M\|x\|,\quad \forall x\in X。$$

6. 设 X,Y 是巴拿赫空间，$T:X\to Y$ 是有界线性双射算子，证明$\exists a,b>0$，使得

$$a\|x\|\leqslant\|Tx\|\leqslant b\|x\|,\quad \forall x\in X。$$

7. 设 X,Y 是赋范空间，$T:X\to Y$ 是闭线性算子，证明 $\ker(T)$是 X 的闭子空间。

8. 设 H 是希尔伯特空间，线性映射 $T:H\to H$ 满足

$$\langle Tx,y\rangle=\langle x,Ty\rangle,\quad \forall x,y\in H,$$

试使用闭图像定理证明 T 是有界算子。

第6章

索伯列夫空间

我们已经研究了巴拿赫空间中元素的范数与角度，下面自然地就会问该元素是不是有导数，其导数的性质如何？因此本章来讨论巴拿赫空间中元素的导数。我们先列举一些记号。

本章中我们都设 Ω 为 n 维有界**区域**，即 Ω 为 $\mathbb{R}^n$ 中的一个连通有界开集，$\partial\Omega$ 表示 Ω 的边界，$\bar{\Omega}=\Omega+\partial\Omega$ 表示 Ω 在 $\mathbb{R}^n$ 中的闭包，$|\Omega|$ 表示 Ω 的体积。若 Ω_0 也是一个区域，且 $\overline{\Omega_0}$ 是 Ω 的紧子集(有界闭子集)，则记为 $\Omega_0\subset\subset\Omega$。

对于函数 $u(\boldsymbol{x})=u(x_1,x_2,\cdots,x_n)$，记 $D_iu=\dfrac{\partial u}{\partial x_i}$，$D_{ij}u=\dfrac{\partial^2 u}{\partial x_i\partial x_j}$，$u$ 的梯度定义为

$$Du=\nabla u=(D_1u,D_2u,\cdots,D_nu)。$$

另外设

$$Du\cdot Dv=D_1uD_1v+D_2uD_2v+\cdots+D_nuD_nv,$$

$$|Du|=(|D_1u|^2+|D_2u|^2+\cdots+|D_nu|^2)^{\frac{1}{2}};$$

n 维**拉普拉斯**(Laplace)算子 Δ 定义为

$$\Delta u=D_{11}u+D_{22}u+\cdots+D_{nn}u。$$

设 $\boldsymbol{\alpha}=(\alpha_1,\alpha_2,\cdots,\alpha_n)$ 是非负整数组，并记 $|\boldsymbol{\alpha}|=\alpha_1+\alpha_2+\cdots+\alpha_n$，$|\boldsymbol{\alpha}|$ 阶的微分算子定义为

$$D^{\boldsymbol{\alpha}}=D_1^{\alpha_1}D_2^{\alpha_2}\cdots D_n^{\alpha_n}=\frac{D^{|\boldsymbol{\alpha}|}}{D_1^{\alpha_1}D_2^{\alpha_2}\cdots D_n^{\alpha_n}}。$$

对于定义在 Ω 中的函数 u，集合

$$\mathrm{supp}u=\{x\in\Omega:u(x)\neq 0\}$$

的闭包称为 u 的支集。若 $\mathrm{supp}u\subset\subset\Omega$，则称 u 在 Ω 中有**紧支集**。

设 m 为非负整数,定义

$$C^m(\Omega)=\{u: D^{\boldsymbol{\alpha}}u \text{ 在 } \Omega \text{ 内连续}, \forall\ |\boldsymbol{\alpha}|\leqslant m\},$$

$$C_0^m(\Omega)=\{u\in C^m(\Omega): u \text{ 在 } \Omega \text{ 中有紧支集}\},$$

$$C^m(\bar{\Omega})=\{u: D^{\boldsymbol{\alpha}}u \text{ 在 } \bar{\Omega} \text{ 内连续}, \forall\ |\boldsymbol{\alpha}|\leqslant m\},$$

并简记 $C^0(\Omega)=C(\Omega)$,$C^0(\bar{\Omega})=C(\bar{\Omega})$。

当 $\boldsymbol{x}=(x_1,x_2,\cdots,x_n)\in\mathbb{R}^n$ 时,本章我们还用 $|\boldsymbol{x}|=(x_1^2+x_2^2+\cdots+x_n^2)^{1/2}$ 表示 $\boldsymbol{x}$ 在 $\mathbb{R}^n$ 中的范数,请根据上下句或 $|\cdot|$ 所在的位置区分其意义。

另外,在不引起混乱的情况下,本章中我们用 C 表示不同的正常数;为了区别不同的范数,对于 $1\leqslant p<\infty$,我们记

$$\|u\|_p=\left(\int_\Omega |u|^p\mathrm{d}x\right)^{1/p}。$$

6.1 索伯列夫空间 $W_0^{1,2}(\Omega)$

为了定义我们的空间,首先引入下面不等式,其证明来源于文献[3]。

定理 6.1.1 设函数集合

$$B_0^1=\{u\in C^1(\Omega)\cap C(\bar{\Omega}): u|_{\partial\Omega}=0\},$$

下面的**弗里德里希斯**(Friedrichs)不等式(也称为**庞加莱**(Poincare)不等式)成立

$$\int_\Omega u^2\mathrm{d}x\leqslant C\int_\Omega |Du|^2\mathrm{d}x,\quad \forall u\in B_0^1,$$

即

$$\|u\|_2\leqslant \bar{C}\|Du\|_2,\quad \forall u\in B_0^1,$$

其中 C,$\bar{C}$ 是与 u 无关而只与 Ω 有关的正常数。

证 因为 Ω 为 n 维有界区域,所以不妨设

$$\Omega\subset Q=\{\boldsymbol{x}=(x_1,x_2,\cdots,x_n)\mid a_i\leqslant x_i\leqslant a_i+h, i=1,2,\cdots,n\}。$$

在 $Q\backslash\Omega$ 中令 $u=0$,对任意的 $x\in Q$ 有

$$u(\boldsymbol{x})=u(x_1,x_2,\cdots,x_n)-u(a_1,x_2,\cdots,x_n)=\int_{a_1}^{x_1}D_1u(t,x_2,\cdots,x_n)\mathrm{d}t。$$

利用施瓦茨不等式得到

$$\begin{aligned}|u(x)|^2&\leqslant\left(\int_{a_1}^{x_1}|D_1u(t,x_2,\cdots,x_n)|\mathrm{d}t\right)^2\\&\leqslant\left(\int_{a_1}^{a_1+h}|D_1u(\boldsymbol{x})|\mathrm{d}x_1\right)^2\end{aligned}$$

$$\leqslant \left(\int_{a_1}^{a_1+h} \mathrm{d}x_1\right)\left(\int_{a_1}^{a_1+h} |D_1 u(x)|^2 \mathrm{d}x_1\right)$$

$$= h\int_{a_1}^{a_1+h} |D_1 u(x)|^2 \mathrm{d}x_1,$$

在 Q 上积分上式得到

$$\int_Q |u(\boldsymbol{x})|^2 \mathrm{d}\boldsymbol{x} \leqslant h\int_{a_n}^{a_n+h} \cdots \int_{a_1}^{a_1+h} \left(\int_{a_1}^{a_1+h} |D_1 u(\boldsymbol{x})|^2 \mathrm{d}x_1\right) \mathrm{d}x_1 \mathrm{d}x_2 \cdots \mathrm{d}x_n$$

$$= h^2 \int_Q |D_1 u(\boldsymbol{x})|^2 \mathrm{d}\boldsymbol{x};$$

因为在 Ω 外有 $u=0$，故由上式推出

$$\int_\Omega |u(\boldsymbol{x})|^2 \mathrm{d}\boldsymbol{x} \leqslant h^2 \int_\Omega |D_1 u(\boldsymbol{x})|^2 \mathrm{d}\boldsymbol{x} \leqslant h^2 \int_\Omega |Du(\boldsymbol{x})|^2 \mathrm{d}\boldsymbol{x}。$$

证毕

定义 6.1.2 空间 $C^1(\Omega)$ 关于内积

$$\langle u, v\rangle = \int_\Omega u \cdot v \mathrm{d}x + \int_\Omega Du \cdot Dv \mathrm{d}x$$

与范数

$$\| u \| = \left(\int_\Omega u^2 \mathrm{d}x + \int_\Omega |Du|^2 \mathrm{d}x\right)^{1/2}$$

完备化的空间记为 $W^{1,2}(\Omega)$，称为**索伯列夫**(Sobolev)空间。

定义 6.1.3 空间 $C_0^1(\Omega)$ 关于内积

$$\langle u, v\rangle = \int_\Omega Du \cdot Dv \mathrm{d}x$$

与范数

$$\| u \|_{1,2} = \langle u, u\rangle^{1/2} = \left(\int_\Omega |Du|^2 \mathrm{d}x\right)^{1/2}$$

完备化得到的希尔伯特空间称为**索伯列夫空间** $W_0^{1,2}(\Omega)$ 或 $H_0^1(\Omega)$。

类似的证明留作习题。下面我们分析索伯列夫空间 $W_0^{1,2}(\Omega)$ 中元素的性质。

定义 6.1.4(广义导数的定义) 对任意的 $u \in W_0^{1,2}(\Omega)$，存在序列 $\{u_k\} \subset C_0^1(\Omega)$ 使得

$$\| u_k - u \|_{1,2} \to 0 \quad (k \to \infty),$$

对 $u_k - u_l \in C_0^1(\Omega)$ 利用弗里德里希斯不等式得

$$\| u_k - u_l \|_2 \leqslant C \| u_k - u_l \|_{1,2} \to 0 \quad (k \to \infty, l \to \infty),$$

因此 $\{u_k\}$ 是 $L^2(\Omega)$ 中的柯西列。由于 $L^2(\Omega)$ 是完备空间，u_k 在 $L^2(\Omega)$ 中必收敛于函数 u。再由范数定义得

$$\| D_i u_k - D_i u_l \|_2 = \left(\int_\Omega |Du_k - Du_l|^2 \mathrm{d}x\right)^{1/2} = \| u_k - u_l \|_{1,2} \to 0,$$

因此 $D_i u_k$ 在 $L^2(\Omega)$ 中收敛于一个函数 $v_i \in L^2(\Omega)$，v_i 称为 u 的**广义导数**，并记作

$$v_i = D_i u。$$

这就证明了对于任意的 $i=1,2,\cdots,n$，当 $k\to\infty$ 时，有

$$\begin{cases} u_k \to u, & 在 L^2(\Omega) 中, \\ D_i u_k \to D_i u, & 在 L^2(\Omega) 中。\end{cases}$$

注 由广义导数的定义可以看出，这种导数不是函数在一点处的性质的反映，而是通过在整个区间上的积分的极限来确定的，所以广义导数体现的是函数整体性质。不难看出，如果函数可微，则其导数与广义导数是一致的。

注 $W_0^{1,2}(\Omega)$ 中的元素是属于 $L^2(\Omega)$ 且具有一阶广义导数(也属于 $L^2(\Omega)$)的函数。

例 6.1.5 设 Ω 为 $\mathbb{R}^3$ 中的一个连通有界开集，$\forall u,v\in W^{1,2}(\Omega)$ 的内积为

$$\langle u,v\rangle = \int_\Omega uv \mathrm{d}x_1\mathrm{d}x_2\mathrm{d}x_3 + \int_\Omega \left(\frac{\partial u}{\partial x_1}\frac{\partial v}{\partial x_1} + \frac{\partial u}{\partial x_2}\frac{\partial v}{\partial x_2} + \frac{\partial u}{\partial x_3}\frac{\partial v}{\partial x_3}\right)\mathrm{d}x_1\mathrm{d}x_2\mathrm{d}x_3,$$

相应的范数为

$$\| u \| = \left(\int_\Omega u^2 \mathrm{d}x_1\mathrm{d}x_2\mathrm{d}x_3 + \int_\Omega \left[\left(\frac{\partial u}{\partial x_1}\right)^2 + \left(\frac{\partial u}{\partial x_2}\right)^2 + \left(\frac{\partial u}{\partial x_3}\right)^2\right]\mathrm{d}x_1\mathrm{d}x_2\mathrm{d}x_3\right)^{1/2}。$$

设 $\{u_k(x_1,x_2,x_3)\}$ 为 $W^{1,2}(\Omega)$ 中的基本序列，即

$$\| u_k - u_n \| \to 0 \quad (k,n\to\infty),$$

则 $\{u_k\}$，$\left\{\frac{\partial u_k}{\partial x_1}\right\}$，$\left\{\frac{\partial u_k}{\partial x_2}\right\}$，$\left\{\frac{\partial u_k}{\partial x_3}\right\}$ 是空间 $L^2(\Omega)$ 中的柯西列，根据 $L^2(\Omega)$ 的完备性，它们在空间 $L^2(\Omega)$ 中都有极限，分别记为

$$\{u(x_1,x_2,x_3)\}, \left\{\frac{\partial u(x_1,x_2,x_3)}{\partial x_1}\right\}, \left\{\frac{\partial u(x_1,x_2,x_3)}{\partial x_2}\right\}, \left\{\frac{\partial u(x_1,x_2,x_3)}{\partial x_3}\right\},$$

则后面的三项为第一项的广义导数。

下面我们给出 $W_0^{1,2}(\Omega)$ 中两个最重要的性质。

定理 6.1.6 设 $u\in W_0^{1,2}(\Omega)$，下面的庞加莱不等式成立

$$\int_\Omega u^2 \mathrm{d}x \leqslant C\int_\Omega | Du |^2 \mathrm{d}x,$$

即

$$\| u \|_2 \leqslant \bar{C} \| Du \|_2,$$

其中 C，$\bar{C}$ 是与 u 无关而只与 Ω 有关的常数。

证 对于任意的 $u\in W_0^{1,2}(\Omega)$，存在 $\{u_k\}\subset C_0^1(\Omega)$ 及 $D_i u\in L^2(\Omega)$ 使得对于任意的 $i=1,2,\cdots,n$，当 $k\to\infty$ 时

$$\begin{cases} u_k \to u, & \text{在 } L^2(\Omega) \text{ 中,} \\ D_i u_k \to D_i u, & \text{在 } L^2(\Omega) \text{ 中。} \end{cases}$$

因此根据范数的连续性,得到

$$\begin{cases} \| u_k \|_2 \to \| u \|_2, \\ \| D_i u_k \|_2 \to \| D_i u \|_2 \text{。} \end{cases}$$

由此知

$$\| Du_k \|_2 = \left(\sum_{i=1}^{n} \| D_i u_k \|_2^2 \right)^{\frac{1}{2}} \to \left(\sum_{i=1}^{n} \| D_i u \|_2^2 \right)^{\frac{1}{2}} = \| Du \|_2 \text{。}$$

由 $u_k \in C_0^1(\Omega) \subset B_0^1$,根据 B_0^1 中的庞加莱不等式得

$$\| u_k \|_2 \leqslant C \| Du_k \|_2,$$

对此式两端令 $k \to \infty$ 得出我们的结论。 证毕

定理 6.1.7 $W_0^{1,2}(\Omega)$中的有界集在 $L^2(\Omega)$中为列紧集。

证 由阿尔泽拉-阿斯科利定理我们只需要证明有界集合中的元素是等度连续的,再根据 $C_0^1(\Omega)$在 $W_0^{1,2}(\Omega)$中的稠密性,只需对任意的 $u \in C_0^1(\Omega)$证明不等式

$$\int_\Omega | u(\boldsymbol{x} + \boldsymbol{h}) - u(\boldsymbol{x}) |^2 \mathrm{d}\boldsymbol{x} \leqslant \| u \|_{1,2}^2 | \boldsymbol{h} |^2,$$

其中 $\boldsymbol{h} \in \mathbb{R}^n$,$|\boldsymbol{h}|$表示$\mathbb{R}^n$ 中的范数,并当 $\boldsymbol{x} \in \mathbb{R}^n \backslash \Omega$ 时规定 $u(\boldsymbol{x}) = 0$。

利用施瓦茨不等式

$$\begin{aligned} | u(\boldsymbol{x} + \boldsymbol{h}) - u(\boldsymbol{x}) |^2 &= \left| \int_0^1 \frac{\mathrm{d}}{\mathrm{d}t} u(\boldsymbol{x} + t\boldsymbol{h}) \mathrm{d}t \right|^2 \\ &= \left| \int_0^1 \sum_{i=1}^{n} D_i u(\boldsymbol{x} + t\boldsymbol{h}) h_i \mathrm{d}t \right|^2 \leqslant \left(\int_0^1 | Du(\boldsymbol{x} + t\boldsymbol{h}) | | \boldsymbol{h} | \mathrm{d}t \right)^2 \\ &\leqslant \int_0^1 | Du(\boldsymbol{x} + t\boldsymbol{h}) |^2 \mathrm{d}t \int_0^1 | \boldsymbol{h} |^2 \mathrm{d}t = h^2 \int_0^1 | Du(\boldsymbol{x} + t\boldsymbol{h}) |^2 \mathrm{d}t, \end{aligned}$$

对此式两端在 Ω 上积分得

$$\begin{aligned} \int_\Omega | u(\boldsymbol{x} + \boldsymbol{h}) - u(\boldsymbol{x}) |^2 \mathrm{d}\boldsymbol{x} &\leqslant h^2 \int_\Omega \int_0^1 | Du(\boldsymbol{x} + t\boldsymbol{h}) |^2 \mathrm{d}t \mathrm{d}\boldsymbol{x} \\ &= | h |^2 \int_0^1 \int_\Omega | D(\boldsymbol{x} + t\boldsymbol{h}) |^2 \mathrm{d}\boldsymbol{x} \mathrm{d}t \\ &\leqslant | h |^2 \int_0^1 \int_\Omega | Du(\boldsymbol{y}) |^2 \mathrm{d}\boldsymbol{y} \mathrm{d}t \\ &= | h |^2 \int_0^1 \| Du \|_2^2 \mathrm{d}t = \| u \|_{1,2}^2 | \boldsymbol{h} |^2, \end{aligned}$$

故结论成立。 证毕

6.2 索伯列夫空间 $W_0^{k,p}(\Omega)$

定义 6.2.1 设 k 为正整数,对于函数空间

$$W^{k,p}(\Omega)=\{u\in L^p(\Omega):D^{\boldsymbol{\alpha}}u\in L^p(\Omega),\forall\ |\boldsymbol{\alpha}|\leqslant k\},$$

这里的 $D^{\boldsymbol{\alpha}}u$ 为 u 的 $|\boldsymbol{\alpha}|$ 阶广义导数,此空间赋予范数

$$\|u\|_{k,p}=\left(\int_\Omega\sum_{|\boldsymbol{\alpha}|\leqslant k}|D^{\boldsymbol{\alpha}}u|^p\mathrm{d}\boldsymbol{x}\right)^{1/p},$$

后成为一个巴拿赫空间,称为索伯列夫空间。

注 在空间 $W^{k,p}(\Omega)$ 中也可取范数

$$\|u\|_{k,p}=\sum_{|\boldsymbol{\alpha}|\leqslant k}\left(\int_\Omega|D^{\boldsymbol{\alpha}}u|^p\mathrm{d}\boldsymbol{x}\right)^{1/p},$$

这两个范数是等价的[8]。

定义 6.2.2

$$W_0^{k,p}(\Omega)=C_0^k(\Omega)\text{ 关于范数 }\|u\|_{k,p}\text{ 的完备化。}$$

注 当 $p=2$ 时,又记 $W^{k,p}(\Omega)=H^k(\Omega)$,$W_0^{k,p}(\Omega)=H_0^k(\Omega)$,它们关于内积

$$\langle u,v\rangle=\int_\Omega\sum_{|\boldsymbol{\alpha}|\leqslant k}D^{\boldsymbol{\alpha}}uD^{\boldsymbol{\alpha}}v\mathrm{d}\boldsymbol{x}$$

还是希尔伯特空间。明显的,$W_0^{1,2}(\Omega)=H_0^1(\Omega)$。

空间 $W_0^{1,p}(\Omega)$也具有重要的庞加莱不等式。

定理 6.2.3(庞加莱不等式) 设 $u\in W_0^{1,p}(\Omega)$,则

$$\left(\int_\Omega|u|^p\mathrm{d}\boldsymbol{x}\right)^{1/p}\leqslant C\left(\int_\Omega|Du|^p\mathrm{d}\boldsymbol{x}\right)^{1/p},$$

其中 C 是与 u 无关而只与 Ω 有关的常数。

设 $0<\lambda\leqslant 1$。对于函数 $u(\boldsymbol{x})$,如果存在常数 $K>0$ 满足

$$|u(\boldsymbol{x})-u(\boldsymbol{y})|\leqslant K|\boldsymbol{x}-\boldsymbol{y}|^\lambda,\quad\forall\boldsymbol{x},\boldsymbol{y}\in\bar{\Omega},$$

即

$$[u]_\lambda=\sup_{\boldsymbol{x}\neq\boldsymbol{y}}\frac{|u(\boldsymbol{x})-u(\boldsymbol{y})|}{|\boldsymbol{x}-\boldsymbol{y}|^\lambda}<+\infty,$$

那么称 $u(\boldsymbol{x})$满足指数为 λ 的**赫尔德**(Hölder)条件。当 $\lambda=1$ 时,赫尔德条件就是利普希茨条件。

定义 6.2.4 函数空间

$$C^{m,\lambda}(\bar{\Omega})=\{u\in C^m(\bar{\Omega}):[D^\alpha u]_\lambda<+\infty,|\boldsymbol{\alpha}|=m\}$$

关于范数

$$\| u \|_{m,\lambda} = \max_{x \in \bar{\Omega}} \sum_{|\boldsymbol{\alpha}| \leqslant m} | D^{\boldsymbol{\alpha}} u(\boldsymbol{x}) | + \sup_{\boldsymbol{x},\boldsymbol{y} \in \bar{\Omega}, |\boldsymbol{\alpha}| = m} \frac{| D^{\boldsymbol{\alpha}} u(\boldsymbol{x}) - D^{\boldsymbol{\alpha}} u(\boldsymbol{y}) |}{| \boldsymbol{x} - \boldsymbol{y} |^{\lambda}}$$

成为一个巴拿赫空间,称为**赫尔德连续函数空间**。

定义 6.2.5 设 X,Y 是两个巴拿赫空间,如果 $X \subset Y$,并且存在常数 $C>0$ 使得

$$\| x \|_Y \leqslant C \| x \|_X, \quad \forall x \in X,$$

那么称 X **嵌入**到 Y,记为 $X \hookrightarrow Y$。

注 例如当整数 $0 \leqslant m < k$ 时,$C^k(\bar{\Omega}) \hookrightarrow C^m(\bar{\Omega})$,其意义为 $C^k(\bar{\Omega})$ 中的函数比 $C^m(\bar{\Omega})$ 中的函数有较高的光滑性。

本节的重点是下面的嵌入定理。

定理 6.2.6(索伯列夫嵌入定理) 设 Ω 是 $\mathbb{R}^n$ 中的有界区域,$1 \leqslant p < +\infty$。对任意的正整数 k 有

$$W_0^{k,p}(\Omega) \hookrightarrow \begin{cases} L^q(\Omega), & q = \begin{cases} \dfrac{np}{n-kp}, & \text{当 } k < \dfrac{n}{p}, \\ \text{任意整数}, & \text{当 } k \geqslant \dfrac{n}{p}, \end{cases} \\ C^{m,\lambda}(\Omega), & \text{当 } k > \dfrac{n}{p}, \end{cases}$$

其中在 $k > \frac{n}{p}$ 的情形,当 $k - \frac{n}{p}$ 不是整数时,m 和 λ 分别是 $k - \frac{n}{p}$ 的整数部分与小数部分,即存在非负整数 m 使得

$$m < k - \frac{n}{p} < m + 1 \text{ 时,有 } \lambda = k - \frac{n}{p} - m;$$

而当 $k = \frac{n}{p} = m + 1 (m \geqslant 0)$ 是整数时,$\lambda \in (0,1)$ 是任意的。

注 当 Ω 的边界 $\partial\Omega$ 具有适当的光滑性,上面的定理对于空间 $W^{k,p}(\Omega)$ 也成立(其证明可参考文献[3])。

类似于 $W_0^{1,2}(\Omega)$ 中的有界集在 $L^2(\Omega)$ 中为列紧集,我们有下面的紧嵌入。

定理 6.2.7(紧嵌入定理) 设

$$\begin{cases} 1 \leqslant q < \dfrac{np}{n-kp}, & \text{当 } n - kp > 0, \\ q \text{ 为任意正数}, & \text{当 } n - kp \leqslant 0, \end{cases}$$

则嵌入算子

$$W^{k,p}(\Omega) \hookrightarrow L^q(\Omega)$$

是紧算子,即 $W^{k,p}(\Omega)$ 中的有界集在 $L^q(\Omega)$ 中为列紧集。

6.3 弱导数

本节给出弱导数的定义,并将证明弱导数与之前的广义导数是等价的,从而加深我们对于索伯列夫空间中导数的了解与应用。

我们记

$$L_{\mathrm{loc}}^{p}(\Omega)=\{u:u\in L^{p}(\Omega'),\forall\,\Omega'\subset\subset\Omega\}。$$

定义 6.3.1 对 $u\in L_{\mathrm{loc}}^{1}(\Omega)$,如果存在 $v\in L_{\mathrm{loc}}^{1}(\Omega)$使得

$$\int_{\Omega}v\varphi\,\mathrm{d}\boldsymbol{x}=(-1)^{|\boldsymbol{\alpha}|}\int_{\Omega}uD^{\boldsymbol{\alpha}}\varphi\,\mathrm{d}\boldsymbol{x},\quad\forall\,\varphi\in C_{0}^{|\boldsymbol{\alpha}|}(\Omega),$$

则称 v 为 u 在 Ω 中的 $|\boldsymbol{\alpha}|$ 阶**弱导数**,并仍记为 $v=D^{\boldsymbol{\alpha}}u$。

定理 6.3.2 弱导数满足下列基本性质:

(1) 若函数可导,则导数一定是弱导数;

(2) 对指定的 $\boldsymbol{\alpha}$,函数 $u\in L_{\mathrm{loc}}^{1}(\Omega)$的 $|\boldsymbol{\alpha}|$ 阶弱导数最多只有一个,即如果有两个不同的弱导数,仅可能在一个零测集上存在差异;

(3) 如果 $D^{\boldsymbol{\alpha}}u$ 是 u 在 Ω 中的弱导数,$\Omega'\subset\Omega$,则 $D^{\boldsymbol{\alpha}}u$ 也是 u 在 Ω' 中的弱导数;

(4) 如果 u 在 Ω 中有弱导数 $D^{\boldsymbol{\alpha}}u=v$,$v$ 在 Ω 中有弱导数 $D^{\boldsymbol{\beta}}v=w$,则 u 在 Ω 中有弱导数 $D^{\boldsymbol{\alpha}+\boldsymbol{\beta}}u=w$。

例 6.3.3 函数 $u(x)=|x|$ 在区间$(-1,1)$中没有导数,但它在$(-1,1)$中有弱导数

$$v=Du=\begin{cases}1, & x>0,\\ -1, & x<0。\end{cases}$$

证 一方面

$$\int_{-1}^{1}Du\varphi\,\mathrm{d}x=\int_{-1}^{0}-\varphi\,\mathrm{d}x+\int_{0}^{1}\varphi\,\mathrm{d}x。$$

另一方面,根据 $\forall\,\varphi\in C_{0}^{1}([-1,1])$ 有 $\varphi(-1)=\varphi(1)=0$,利用分部积分得到

$$\int_{-1}^{1}u\varphi'\,\mathrm{d}x=\int_{-1}^{0}-x\varphi'\,\mathrm{d}x+\int_{0}^{1}x\varphi'\,\mathrm{d}x=\int_{-1}^{0}\varphi\,\mathrm{d}x-\int_{0}^{1}\varphi\,\mathrm{d}x,$$

所以

$$\int_{-1}^{1}Du\varphi\,\mathrm{d}x=-\int_{-1}^{1}u\varphi'\,\mathrm{d}x,$$

最后根据弱导数的唯一性,得到 $v=Du$。 证毕

例 6.3.4 设 $n\geqslant 3$,$B_{1}(\mathbf{0})\subset\mathbb{R}^{n}$。函数 $u(\boldsymbol{x})=\ln|\boldsymbol{x}|$ 在 $B_{1}(\mathbf{0})$ 中没有导数,但它在 $B_{1}(\mathbf{0})$ 中有弱导数 $D_{i}u=\dfrac{x_{i}}{|\boldsymbol{x}|^{2}}$。

下面的定理保证了广义导数与我们新定义的弱导数是等价的，具体的证明请参考文献[3, p. 129]。

定理 6.3.5 设 $p\geqslant 1$，函数 $u\in L_{\mathrm{loc}}^{p}(\Omega)$ 有弱导数 $D^{\boldsymbol{\alpha}}u=v\in L_{\mathrm{loc}}^{p}(\Omega)$ 的充要条件是：存在整数 $k(|\boldsymbol{\alpha}|\leqslant k\leqslant\infty)$ 及函数序列 $\{u_m\}\subset C^k(\Omega)$ 使得当 $m\to\infty$ 时

$$\begin{cases}u_m\to u, & \text{在 } L_{\mathrm{loc}}^{p}(\Omega)\text{ 中},\\ D^{\boldsymbol{\alpha}}u_m\to v, & \text{在 } L_{\mathrm{loc}}^{p}(\Omega)\text{ 中}。\end{cases}$$

注 因此，之前的 $W^{k,p}(\Omega)$ 也可以用弱导数来定义：

$$W^{k,p}(\Omega)=\{u\in L_{\mathrm{loc}}^{p}(\Omega): u\text{ 有弱导数 }D^{\boldsymbol{\alpha}}u, 1\leqslant|\boldsymbol{\alpha}|\leqslant k\}。$$

6.4 弱解

考虑下面的带有狄利克雷边值的泊松(Poisson)问题：

$$\begin{cases}-\Delta u=f(\boldsymbol{x}), & \boldsymbol{x}\in\Omega,\\ u=0, & \boldsymbol{x}\in\partial\Omega,\end{cases}$$

其中 $\Omega\subset\mathbb{R}^n$ 是一个有界区域，$f\in L^2(\Omega)$，下面我们把此方程简称为狄氏边值问题。因为狄氏边值问题中包含 Δ 算子，因此人们自然的是想得到解 $u\in C^2(\Omega)$（此时称 u 为古典解），但人们发现在证明一般存在性结果时遇到很大困难。于是人们改成先求更一般意义下的解并证其存在唯一，再证其光滑性，这样一种途径成为近代偏微分方程理论的基本方法，也正因为如此泛函分析才成为研究近代偏微分方程理论不可缺少的工具。

定义 6.4.1 如果函数 $u\in H_0^1(\Omega)$，满足

$$\int_\Omega Du\cdot Dv\,\mathrm{d}\boldsymbol{x}=\int_\Omega fv\,\mathrm{d}\boldsymbol{x},\quad\forall v\in H_0^1(\Omega),$$

那么称函数 u 是狄氏边值问题的**弱解**（或者**广义解**）。

注 古典解一定是弱解。如果 $u\in C^2(\Omega)$，并且是狄氏边值问题的解，那么方程两边积分得到

$$\int_\Omega -\Delta u\cdot v\,\mathrm{d}\boldsymbol{x}=\int_\Omega fv\,\mathrm{d}\boldsymbol{x},\quad\forall v\in C^2(\bar{\Omega}), v|_{\partial\Omega}=0。$$

在左边应用格林(Green)公式得

$$\begin{aligned}\int_\Omega -\Delta u\cdot v\,\mathrm{d}\boldsymbol{x}&=\int_\Omega Du\cdot Dv\,\mathrm{d}\boldsymbol{x}-\int_{\partial\Omega}\frac{\partial u}{\partial n}v\,\mathrm{d}s\\&=\int_\Omega Du\cdot Dv\,\mathrm{d}\boldsymbol{x},\end{aligned}$$

即得

$$\int_{\Omega} Du \cdot Dv \mathrm{d}\boldsymbol{x} = \int_{\Omega} f \cdot v \mathrm{d}\boldsymbol{x}, \quad \forall v \in C^2(\bar{\Omega}), v\mid_{\partial\Omega} = 0;$$

最后根据$\{v: v\in C^2(\bar{\Omega}), v|_{\partial\Omega}=0\}$在 $H_0^1(\Omega)$中稠密,当 $u\in H_0^1(\Omega)$及 $f\in L^2(\Omega)$时可得

$$\int_{\Omega} Du \cdot Dv \mathrm{d}\boldsymbol{x} = \int_{\Omega} fv \mathrm{d}\boldsymbol{x}, \quad \forall v \in H_0^1(\Omega)。$$

注 在偏微分方程理论中还会知道,在一定的条件下,弱解也是古典解。

本节的目的是应用里斯表示定理得到狄氏边值问题弱解的存在唯一性。

定理 6.4.2 $\forall f\in L^2(\Omega)$,狄氏边值问题的弱解存在唯一。

证 存在性:根据庞加莱不等式,$\forall u,v\in H_0^1(\Omega)$,

$$\langle u,v\rangle = \int_{\Omega} Du \cdot Dv \mathrm{d}\boldsymbol{x}$$

是 $H_0^1(\Omega)$上的一个内积,其范数为

$$\| u \|_{1,2} = \left(\int_{\Omega} | Du |^2 \mathrm{d}\boldsymbol{x}\right)^{1/2}。$$

再根据积分形式的赫尔德不等式,有

$$\left|\int_{\Omega} f \cdot v \mathrm{d}\boldsymbol{x}\right| \leqslant \left(\int_{\Omega} | f |^2 \mathrm{d}\boldsymbol{x}\right)^{1/2} \left(\int_{\Omega} | v |^2 \mathrm{d}\boldsymbol{x}\right)^{1/2} \leqslant C \| f \|_2 \cdot \| v \|_{1,2}。$$

上式表明

$$v \mapsto \int_{\Omega} f \cdot v \mathrm{d}\boldsymbol{x}, \quad \forall v \in H_0^1(\Omega)$$

是 $H_0^1(\Omega)$上的一个连续线性泛函。

应用里斯表示定理,$\exists u_0\in H_0^1(\Omega)$,使得

$$\langle u_0, v\rangle = \int_{\Omega} \nabla u_0 \cdot \nabla v \mathrm{d}\boldsymbol{x} = \int_{\Omega} fv \mathrm{d}\boldsymbol{x}, \quad \forall v \in H_0^1(\Omega),$$

从而 u_0 是一个弱解。

唯一性:假若 u_0 与 u_1 都是弱解,那么

$$\langle u_0 - u_1, v\rangle = \int_{\Omega} \nabla(u_0 - u_1) \cdot \nabla v \mathrm{d}\boldsymbol{x} = \int_{\Omega} fv \mathrm{d}\boldsymbol{x} - \int_{\Omega} fv \mathrm{d}\boldsymbol{x} = 0, \quad \forall v \in H_0^1(\Omega),$$

根据 v 的任意性,取 $v=u_0-u_1$,即得 $u_0=u_1$。 证毕

习题 6

1. $\forall u,v\in H_0^1(\Omega)$定义

$$\langle u,v\rangle = \int_{\Omega} u \cdot v \mathrm{d}\boldsymbol{x} + \int_{\Omega} Du \cdot Dv \mathrm{d}\boldsymbol{x},$$

证明$\langle u,v\rangle$为内积；特别地，

$$\langle u,v\rangle_{1,2}=\int_{\Omega}Du\cdot Dv\,\mathrm{d}\boldsymbol{x}$$

也是$H_0^1(\Omega)$中的内积，即$H_0^1(\Omega)$中的范数可取为

$$\|u\|_{1,2}=\left(\int_{\Omega}|Du|^2\mathrm{d}\boldsymbol{x}\right)^{1/2}。$$

2. 在区间$(-1,1)$中设函数

$$u(x)=\begin{cases}1, & \text{当 } x \text{ 为无理数},\\ 0, & \text{当 } x \text{ 为有理数},\end{cases}$$

证明$u(x)$有弱导数$Du=0$。

3. 设$\forall\varphi\in C_0^1([-\infty,+\infty])$，即$\varphi(-\infty)=\varphi(+\infty)=0$，设单位阶跃函数

$$H(x)=\begin{cases}1, & x>0,\\ 0, & x\leqslant 0。\end{cases}$$

证明$H(x)$有弱导数$DH(x)=\delta(x)$，其中$\int_{-\infty}^{+\infty}\delta(x)\varphi(x)\mathrm{d}x=\varphi(0)$。

4. 根据弱导数的链法则性质：如果$f\in C^1(\mathbb{R})$，f'几乎处处有界，$u\in W^1(\Omega)$，则

$$D(f\circ u)=f'(u)Du,$$

求下面函数的弱导数：

$$f(u)=\sqrt{u^2+1},\quad \forall u\in W^1(\Omega)。$$

习题答案

习 题 1

1. 对于任意的 $k\in\mathbb{Z}^+$，利用绝对值的三角不等式得到

$$|x_k-y_k|\leqslant|x_k|+|y_k|\leqslant\sup_{k\in\mathbf{Z}^+}|x_k|+\sup_{k\in\mathbf{Z}^+}|y_k|<+\infty,$$

所以由 k 的任意性知道 $\sup\limits_{k\in\mathbf{Z}^+}|x_k-y_k|<+\infty$ 有意义。

类似地，对于任意的 $k\in\mathbb{Z}^+$ 我们有

$$\begin{aligned}|x_k-y_k|&\leqslant|x_k-z_k|+|z_k-y_k|\\&\leqslant\sup_{k\in\mathbf{Z}^+}|x_k-z_k|+\sup_{k\in\mathbf{Z}^+}|z_k-y_k|,\end{aligned}$$

所以再根据上式 k 的任意性得到

$$\sup_{k\in\mathbf{Z}^+}|x_k-y_k|\leqslant\sup_{k\in\mathbf{Z}^+}|x_k-z_k|+\sup_{k\in\mathbf{Z}^+}|z_k-y_k|。$$

2. 对于实数集$\mathbb{R}$中的数列$\{x_n\}$，反设 $x_n\to a$ 并且 $x_n\to b(n\to\infty)$，即 $\forall\varepsilon>0$，$\exists N\in\mathbb{Z}^+$，当 $n>N$ 时下式成立

$$|x_n-a|<\frac{\varepsilon}{2},\quad |x_n-b|<\frac{\varepsilon}{2},$$

此时有

$$0\leqslant|a-b|\leqslant|a-x_n|+|x_n-b|<\frac{\varepsilon}{2}+\frac{\varepsilon}{2}=\varepsilon,$$

再根据 $\varepsilon>0$ 的任意性，推出 $a=b$，所以数列$\{x_n\}$的极限唯一。

3. 假设实数集$\mathbb{R}$中的数列$\{x_n\}$收敛于 a，即对于 $\varepsilon=1$，$\exists N\in\mathbb{Z}^+$，使得 $n>N$ 时，恒有下式成立

$$|x_n-a|<1,$$

那么当 $n>N$ 时得到

$$|x_n|<\max\{|a+1|,|a-1|\}\stackrel{\text{def}}{=}M_1;$$

取 $M_2=\max\{|x_1|,|x_2|,\cdots,|x_N|\}$及 $M=\max\{M_1,M_2\}$，则有

$$|x_n|\leqslant M,\quad \forall n\in\mathbb{Z}^+,$$

所以数列$\{x_n\}$有界。

4. $\forall x_1,x_2\in\mathbb{R}$，由拉格朗日中值定理，存在 $\xi\in(x_1,x_2)$或者 $\xi\in(x_2,x_1)$使得

$$|f(x_1)-f(x_2)|=|f'(\xi)||x_1-x_2|\leqslant M|x_1-x_2|,$$

则 $\forall \varepsilon>0$，取 $\delta=\dfrac{\varepsilon}{M}$，只要 $|x_1-x_2|<\delta$，就有

$$|f(x_1)-f(x_2)|<M\delta=\varepsilon,$$

故 $f(x)$ 在 $\mathbb{R}$ 上一致连续。

5. 由一致收敛的性质知 f 在 $[a,b]$ 上连续，故 f 在 $[a,b]$ 上可积。再由一致收敛的定义，$\forall \varepsilon>0$，$\exists N\in\mathbb{Z}^+$，使得 $\forall x\in[a,b]$，只要 $n>N$，就有

$$|f_n(x)-f(x)|<\frac{\varepsilon}{b-a},$$

从而有

$$\left|\int_a^b f_n(x)\mathrm{d}x-\int_a^b f(x)\mathrm{d}x\right|\leqslant\int_a^b|f_n(x)-f(x)|\,\mathrm{d}x<\int_a^b\frac{\varepsilon}{b-a}\mathrm{d}x=\varepsilon,$$

故命题成立。

6. 根据 $1+n^2x^2\geqslant 2nx$ 得到

$$\frac{x}{1+n^2x^2}\leqslant\frac{1}{2n}。$$

$\forall \varepsilon>0$，取 $N=\dfrac{1}{2\varepsilon}$，则当 $n>N$ 时，$\forall x\in[0,1]$ 有

$$\left|\frac{x}{1+n^2x^2}-0\right|\leqslant\frac{1}{2n}<\varepsilon,$$

所以函数列 f_n 在 $[0,1]$ 上一致收敛到函数 f，$f(x)=0$，$x\in[0,1]$。根据一致收敛的性质得到

$$\lim_{n\to\infty}\int_0^1\frac{x}{1+n^2x^2}\mathrm{d}x=\int_0^1\lim_{n\to\infty}\frac{x}{1+n^2x^2}\mathrm{d}x=\int_0^1 0\mathrm{d}x=0。$$

7. 因为

$$1+n^2x^2\geqslant 2nx,$$

故有

$$\left|\frac{nx}{1+n^2x^2}\right|\leqslant\frac{1}{2}\in L([0,1])。$$

同时，$\forall x\in[0,1]$，$\lim\limits_{n\to\infty}\dfrac{nx}{1+n^2x^2}=0$，故根据勒贝格控制收敛定理有

$$\lim_{n\to\infty}\int_0^1\frac{nx}{1+n^2x^2}\mathrm{d}x=\int_0^1\lim_{n\to\infty}\frac{nx}{1+n^2x^2}\mathrm{d}x=\int_0^1 0\mathrm{d}x=0。$$

8. 设 E 为可测集，$f:E\to\mathbb{R}$ 为连续函数。对于 $a\in\mathbb{R}$，设 $x\in E(f>a)$，由函数的连续性，存在 x 的一个邻域 $U(x)$ 使得

$$U(x)\cap E\subset E(f>a)。$$

设 $G=\bigcup_{x\in E(f>a)} U(x)$，则

$$G\cap E=\Big(\bigcup_{x\in E(f>a)} U(x)\Big)\cap E=\bigcup_{x\in E(f>a)}(U(x)\cap E)\subset E(f>a)。$$

另一方面，根据 $G\supset E(f>a)$ 得到

$$E(f>a)\subset G\cap E(f>a)\subset G\cap E,$$

从而

$$G\cap E=E(f>a)。$$

最后根据 G 为开集且 E 为可测集，得到 $G\cap E=E(f>a)$ 为可测集。

9. (1) $\forall x,y\in C([a,b])$ 及 $\forall a,b\in\mathbb{R}$ 有

$$\begin{aligned}T(ax+by)&=\int_a^t(ax+by)\mathrm{d}s=a\int_a^t x\,\mathrm{d}s+b\int_a^t y\,\mathrm{d}s\\&=aT(x)+bT(y),\end{aligned}$$

所以 T 是线性算子。

(2) $\forall x_1,x_2\in C([a,b])$，若有 $T(x_1)=T(x_2)$，则有

$$T(x_1)-T(x_2)=\int_a^t[x_1(s)-x_2(s)]\mathrm{d}s=0,$$

等式两边同时对 t 求导，得

$$x_1(t)-x_2(t)=0,\quad \forall t\in[a,b],$$

从而有 $x_1=x_2$，故 T 是单射。

(3) 对于 $1\in C^1([a,b])$，若 T 是满射，则 $\exists x\in C([a,b])$，使得

$$\int_a^t x(s)\mathrm{d}s=1,$$

等式两边同时对 t 求导，得 $x(t)=0$，矛盾，故 T 不是满射。

10. 当 $p=1$，结论显然成立。当 $p>1$ 时，由赫尔德不等式，有

$$\begin{aligned}\sum_{k=1}^n|x_k+y_k|^p&=\sum_{k=1}^n|x_k+y_k|^{p-1}|x_k+y_k|\\&\leqslant\sum_{k=1}^n|x_k+y_k|^{p-1}|x_k|+\sum_{k=1}^n|x_k+y_k|^{p-1}|y_k|\\&\leqslant\Big(\sum_{k=1}^n|x_k+y_k|^{(p-1)q}\Big)^{\frac{1}{q}}\Big(\sum_{k=1}^n|x_k|^p\Big)^{\frac{1}{p}}+\\&\quad\Big(\sum_{k=1}^n|x_k+y_k|^{(p-1)q}\Big)^{\frac{1}{q}}\Big(\sum_{k=1}^n|y_k|^p\Big)^{\frac{1}{p}}\\&=\Big(\sum_{k=1}^n|x_k+y_k|^p\Big)^{\frac{1}{q}}\left[\Big(\sum_{k=1}^n|x_k|^p\Big)^{\frac{1}{p}}+\Big(\sum_{k=1}^n|y_k|^p\Big)^{\frac{1}{p}}\right],\end{aligned}$$

等式两边同除以$\left(\sum_{k=1}^{n}|x_k+y_k|^p\right)^{\frac{1}{q}}$,得

$$\left(\sum_{k=1}^{n}|x_k+y_k|^p\right)^{\frac{1}{p}}\leqslant\left(\sum_{k=1}^{n}|x_k|^p\right)^{\frac{1}{p}}+\left(\sum_{k=1}^{n}|y_k|^p\right)^{\frac{1}{p}},$$

令 $n\to\infty$得到不等式。

习　题　2

1.(1) 正定性:明显地 $d(x,y)\geqslant 0$,且

$$d(x,y)=0\Leftrightarrow x=y。$$

(2) 对称性:$d(x,y)=d(y,x)$显然。

(3) 三角不等式:$\forall x,y,z\in X$,不妨设 $x\neq y$,则有

$$d(x,y)=1\leqslant d(x,z)+d(z,y),$$

故三角不等式成立,所以(X,d)是距离空间。

2.(1) 正定性:对任意的 $x,y\in X$,$\tilde{d}(x,y)\geqslant 0$,

$$\tilde{d}(x,y)=0\Leftrightarrow d(x,y)=0\Leftrightarrow x=y。$$

(2) 对称性:$\tilde{d}(x,y)=\tilde{d}(y,x)$显然。

(3) 三角不等式:$\forall x,y,z\in X$,因为函数 $g(t)=\dfrac{t}{1+t}$在$[0,+\infty)$上单调增加,所以

$$\tilde{d}(x,y)=\frac{d(x,y)}{1+d(x,y)}\leqslant\frac{d(x,z)+d(z,y)}{1+d(x,z)+d(z,y)}\leqslant\frac{d(x,z)}{1+d(x,z)}+\frac{d(z,y)}{1+d(z,y)},$$

即 $\tilde{d}(x,y)\leqslant\tilde{d}(x,z)+\tilde{d}(z,y)$。因此 $\tilde{d}(x,y)$也是距离。

3. $\forall x_0\in B$,取 $\varepsilon=\dfrac{1}{n}$,则由 $B_\varepsilon(x_0)\cap A\neq\varnothing$知存在 $x_n\in A$ 使得

$$d(x_n,x_0)\leqslant\varepsilon=\frac{1}{n},$$

即 $x_n\to x_0(n\to\infty)$,所以 A 在 B 中稠密。

4. 必要性:在离散距离空间(X,d)中有

$$d(x,y)=\begin{cases}0, & x=y,\\ 1, & x\neq y。\end{cases}$$

因为 X 可分,所以 X 存在可数稠密集 $A=\{x_1,x_2,\cdots\}$。假设 X 为不可数集,则 $A\neq X$。对 $x_0\in X\backslash A$,当 $r<1$ 时,有

$$B_r(x_0)\cap A=\{x_0\}\cap A=\varnothing,$$

这与 A 在 X 中稠密矛盾,故 X 是可数集。

充分性：若 X 为可数集，则 X 的可数稠密子集可取为 X 本身，所以 X 可分。

5. 设 A 是$\mathbb{R}^2$ 中的有界集，则对于任意的$\{(x_n,y_n)\}\subset A$，点列$\{x_n\}$，$\{y_n\}$均为$\mathbb{R}$ 中的有界点列。由列紧性定理(即魏尔斯特拉斯定理)：实数集中有界数列必有收敛子数列，存在$\{x_n\}$的子列$\{x_{n_k}\}$及 $x\in\mathbb{R}$，使得

$$x_{n_k}\to x\quad(k\to\infty)。$$

同理，对有界数列$\{y_n\}$，存在子列$\{y_{n_{k_j}}\}$及 $y\in\mathbb{R}$，使得

$$y_{n_{k_j}}\to y\quad(j\to\infty),$$

故$\{(x_n,y_n)\}$有子列

$$(x_{n_{k_j}}\ y_{n_{k_j}})\to(x,y)\in\mathbb{R}^2\quad(j\to\infty),$$

所以 A 为列紧集。

6. 设(X,d)为距离空间，$\{x_n\}$是一个柯西列，即

$$\lim_{n,m\to\infty}d(x_n,x_m)=0,$$

则对于 $\varepsilon=1$，$\exists N\in\mathbb{Z}^+$，当 $m>N$ 时，有 $d(x_m,x_N)<1$；取 $M=\max\limits_{1\leqslant m\leqslant N}\{d(x_m,x_N)\}$，则对于任意的 $n\in\mathbb{Z}^+$ 有

$$d(x_n,x_N)<M+1\overset{\text{def}}{=}r,$$

即$\{x_n\}\subset B_r(x_0)$，所以$\{x_n\}$是有界集。

7. 必要性：假设$\{x_n\}\subset M$，使得 $x_n\to x$。由于收敛列为柯西列，故由 M 的完备性得 $x_n\to x\in M$，所以 M 为 X 中的闭集。

充分性：设$\{x_n\}$为 M 中的任意柯西列，则它也是 X 中的柯西列，由 X 的完备性知$\exists x\in X$，使得 $x_n\to x$。再由 M 为闭集知道 $x\in M$，从而有(M,d)完备。

8. 设(X,d)为距离空间，$T:X\to X$ 为一个压缩映射，即存在常数 $0<\lambda<1$ 使得$\forall x,y\in X$ 都有

$$d(Tx,Ty)\leqslant\lambda d(x,y)。$$

$\forall\varepsilon>0$，取 $\delta=\varepsilon/\lambda$，则当 $d(x,y)<\delta$ 时就有

$$d(Tx,Ty)\leqslant\lambda d(x,y)<\lambda\delta=\varepsilon,$$

故压缩映射 T 是 X 上的连续映射。

9. 存在性：由于 A 是闭集，故 A 为 X 的完备子空间，由 A 上的压缩映射定理知 T^n 在 A 上有唯一不动点 x^* 使得 $T^n(x^*)=x^*$。另外

$$T^n(Tx^*)=T(T^nx^*)=Tx^*,$$

即 Tx^* 也为 T^n 在 A 上的不动点，故由不动点的唯一性，得

$$Tx^*=x^*,$$

即 x^* 是 T 的不动点。

唯一性：设 y 为 T 的另一不动点，则

$$T^n(y)=T^{n-1}(Ty)=T^{n-1}(y)=\cdots=T(y)=y,$$

即 y 也是 T^n 的不动点,由 T^n 的不动点的唯一性知 $y=x^*$。

10. 假设算子 $T:C([0,1])\to C([0,1])$ 为

$$(Tx)(t)=r\sin x(t)+\varphi(t),$$

则 T 在 $C([0,1])$ 中的不动点是原方程的连续解. $\forall x,y\in C([0,1])$,由

$$d(Tx,Ty)=\max_{t\in[0,1]}|(Tx)(t)-(Ty)(t)|=r\max_{t\in[0,1]}|\sin x(t)-\sin y(t)|$$
$$\leqslant r\max_{t\in[0,1]}|x(t)-y(t)|=rd(x,y),$$

知 T 为完备距离空间 $C([0,1])$ 上的压缩映射,故由压缩映射定理,T 在 $C([0,1])$ 中有唯一的不动点,即原方程在 $[0,1]$ 上存在唯一的连续解。

11. 对于 $x\in L^2([a,b])$,令

$$(Tx)(t)=f(t)+\mu\int_a^b K(t,s)x(s)\mathrm{d}s,$$

则由赫尔德不等式,有

$$\int_a^b\left|\int_a^b K(t,s)x(s)\mathrm{d}s\right|^2\mathrm{d}t\leqslant\int_a^b\left[\int_a^b K^2(t,s)\mathrm{d}s\int_a^b x^2(s)\mathrm{d}s\right]\mathrm{d}t$$
$$\leqslant\int_a^b x^2(s)\mathrm{d}s\cdot\int_a^b\int_a^b K^2(t,s)\mathrm{d}s\mathrm{d}t<+\infty,$$

所以 $Tx\in L^2([a,b])$,即 $T:L^2([a,b])\to L^2([a,b])$,并且 T 的不动点就是方程的解。

对于任意的 $x,y\in L^2([a,b])$,利用赫尔德不等式得到

$$d(Tx,Ty)=\left(\int_a^b|(Tx)(t)-(Ty)(t)|^2\mathrm{d}t\right)^{1/2}$$
$$=\left(\int_a^b\left|\lambda\int_a^b K(t,s)[x(s)-y(s)]\mathrm{d}s\right|^2\mathrm{d}t\right)^{1/2}$$
$$=|\mu|\left(\int_a^b\left[\int_a^b K^2(t,s)\mathrm{d}s\int_a^b|x(s)-y(s)|^2\mathrm{d}s\right]\mathrm{d}t\right)^{1/2}$$
$$=|\mu|\left(\int_a^b\int_a^b K^2(t,s)\mathrm{d}s\mathrm{d}t\right)^{1/2}d(x,y),$$

取 $|\mu|$ 充分小,使得

$$|\mu|\left(\int_a^b\int_a^b K^2(t,s)\mathrm{d}s\mathrm{d}t\right)^{1/2}\overset{\text{def}}{=}\lambda<1,$$

则 T 为压缩映射,故存在唯一的不动点 $x\in L^2([a,b])$,即方程有唯一的解。

习　题　3

1. 设 $\{x_n\}$ 为赋范空间 $(X,\|\cdot\|)$ 中的点列,$x_n\to x$;取 $\varepsilon=1$,$\exists N\in\mathbb{Z}^+$,当 $n>N$ 时

$$\|x_n\| \leqslant \|x_n - x\| + \|x\| \leqslant 1 + \|x\|。$$

设 $M_0 = \max\limits_{1\leqslant i\leqslant N}\{\|x_i\|\}$,则有

$$\|x_n\| \leqslant M_0 + 1 + \|x\| \overset{\text{def}}{=} M, \quad \forall n \in \mathbb{Z}^+,$$

即$\{x_n\}$有界。

2. (1) 在赋范空间 X 中,设 $x_n \to x, y_n \to y(n\to\infty)$,则由

$$\|x_n + y_n - (x+y)\| \leqslant \|x_n - x\| + \|y_n - y\| \to 0$$

知当 $n\to\infty$时,$x_n + y_n \to x + y$。

(2) 设 $x_n \to x$,数列 $\alpha_n \to \alpha$,则$\{\alpha_n\}$有界,从而由

$$\begin{aligned}\|\alpha_n x_n - \alpha x\| &\leqslant \|\alpha_n x_n - \alpha_n x\| + \|\alpha_n x - \alpha x\| \\ &= |\alpha_n| \|x_n - x\| + |\alpha_n - \alpha| \|x\| \to 0,\end{aligned}$$

知当 $n\to\infty$时,$\alpha_n x_n \to \alpha x$。

3. (1) 正定性:$d(x,y) = \|x-y\| \geqslant 0$,并且

$$d(x,y) = \|x-y\| = 0 \Leftrightarrow x = y。$$

(2) 对称性:

$$d(x,y) = \|x-y\| = |-1| \|y-x\| = \|y-x\| = d(y,x)。$$

(3) 三角不等式:对于任意的 $x,y,z\in X$,

$$d(x,y) = \|x-y\| \leqslant \|x-z\| + \|z-y\| = d(x,z) + d(z,y)。$$

所以 $d(x,y)$为 X 上的距离。

4. 易知$\|\cdot\|_1$与$\|\cdot\|_2$是$C([a,b])$上的范数;由于

$$\begin{aligned}\left(\int_0^1 |u(t)|^2 \mathrm{d}t\right)^{1/2} &\leqslant \left(\int_0^1 (1+t)|u(t)|^2 \mathrm{d}t\right)^{1/2} \\ &\leqslant \sqrt{2}\left(\int_0^1 |u(t)|^2 \mathrm{d}t\right)^{1/2},\end{aligned}$$

即

$$\|u\|_1 \leqslant \|u\|_2 \leqslant \sqrt{2}\|u\|_1,$$

故$\|\cdot\|_1$与$\|\cdot\|_2$是两个等价范数.

5. $\forall x\in X$,设存在$\{x_n\}\subset X$,使得 $x_n \to x(n\to\infty)$,则有

$$x_n - x + x_0 \to x_0 \quad (n\to\infty),$$

此时,根据 T 在 $x_0\in X$ 处的连续性得到

$$Tx_n - Tx = T(x_n - x) = T(x_n - x + x_0) - Tx_0 \to 0 \quad (n\to\infty),$$

故 $Tx_n \to Tx(n\to\infty)$。

6. 必要性;设 A 为 X 中的有界集,则$\exists M>0$,使得

$$\|x\| \leqslant M, \quad \forall x \in A。$$

再由 T 有界，$\exists M_1>0$，使得

$$\|Tx\| \leqslant M_1\|x\| \leqslant M_1 M, \quad \forall x \in A,$$

故 $T(A)$ 为 Y 中的有界集。

充分性：集合

$$\left\{\frac{1}{\|x\|}x : x \in X\backslash\{\theta\}\right\}$$

为 X 中的有界集，从而有

$$\left\{T\left(\frac{1}{\|x\|}x\right) : x \in X\backslash\{\theta\}\right\}$$

是 Y 中的有界集，于是 $\exists M>0$，使得 $\forall x\in X\backslash\{\theta\}$，有

$$\frac{\|Tx\|}{\|x\|}=\left\|T\left(\frac{1}{\|x\|}x\right)\right\|\leqslant M,$$

即

$$\|Tx\| \leqslant M\|x\|,$$

显然此式当 $x=\theta$ 时也成立，故 T 有界。

7. 设 $\{x_n\}\subset\ker(T)$，即 $T(x_n)=\theta(\forall n\in\mathbb{Z}^+)$，设 $x_n\to x(n\to\infty)$，则有

$$\|T(x_n)-T(x)\| = \|T(x_n-x)\| \leqslant \|T\|\cdot\|x_n-x\| \to 0,$$

所以

$$T(x)=\lim_{n\to\infty}T(x_n)=0,$$

即 $x\in\ker(T)$，故核空间是 X 的闭子空间。

8. 由算子范数的定义得到

$$\|T\| = \sup_{\|x\|=1}\|Tx\| = \sup_{\|x\|=1}\|\alpha x\| = \sup_{\|x\|=1}|\alpha|\,\|x\| =|\alpha|,$$

所以 $\|T\|=|\alpha|$。

9. $\forall x\in L^1([a,b])$，有

$$\|Tx\| =\max_{t\in[a,b]}\left|\int_a^t x(s)\mathrm{d}s\right|\leqslant\int_a^b |x(s)|\mathrm{d}s = \|x\|,$$

故 $\|T\|\leqslant 1$；进一步地，我们取 $x_0(t)=\dfrac{1}{b-a}$，则

$$\|x_0\| =\int_a^b |x_0(t)|\mathrm{d}t =\int_a^b \frac{1}{b-a}\mathrm{d}t =1,$$

并且

$$\|Tx_0\| =\max_{t\in[a,b]}\left|\int_a^t \frac{1}{b-a}\mathrm{d}s\right|=\max_{t\in[a,b]}\left|\frac{t-a}{b-a}\right|=1;$$

根据定义得到

$$\|T\| = \sup_{\|x\|=1}\|Tx\| \geqslant \|Tx_0\| =1,$$

所以 $\|T\|=1$。

10. 设$\{u_n\}$是 $B(\Omega)$中的柯西列，则$\forall\varepsilon>0$，$\exists N\in\mathbb{Z}^+$，使当 $m,n>N$ 时有

$$\|u_n-u_m\|=\sup_{t\in\Omega}|u_n(t)-u_m(t)|<\varepsilon。$$

固定 $t_0\in\Omega$，有

$$|u_n(t_0)-u_m(t_0)|\leqslant\sup_{t\in\Omega}\|u_n(t)-u_m(t)\|<\varepsilon,$$

故$\{u_n(t_0)\}$是$\mathbb{R}$中的一个柯西列，由$\mathbb{R}$的完备性，知$\exists u(t_0)$，使得

$$u_n(t_0)\to u(t_0)\quad(n\to\infty)。$$

上面不等式中令 $m\to\infty$，有

$$|u_n(t_0)-u(t_0)|\leqslant\varepsilon。$$

再由 t_0 的任意性，有

$$\|u_m-u\|=\sup_{t\in\Omega}|u_n(t)-u(t)|\leqslant\varepsilon,$$

从而有 $u_n\to u(\forall t\in\Omega)$。最后，由

$$\sup_{t\in\Omega}|u(t)|\leqslant\sup_{t\in\Omega}|u(t)-u_{N+1}(t)|+\sup_{t\in\Omega}|u_{N+1}(t)|\leqslant\varepsilon+\|u_{N+1}\|<+\infty,$$

知 $u\in B(\Omega)$，所以 $B(\Omega)$是巴拿赫空间。

11. 设算子列 $T_n:l^2\to l^2$ 为

$$T_nx=(a_1x_1,a_2x_2,\cdots,a_nx_n,0,0,\cdots),\quad\forall x\in l^2,$$

则算子 T_n 的值域是有限维的，故 T_n 是紧算子。

根据 $a_n\to0$，$\forall\varepsilon>0$，$\exists N\in\mathbb{Z}^+$，当 $n>N$ 时，有$|a_n|<\varepsilon$；因此当 $n>N$ 时

$$\|(T_n-T)x\|=\left(\sum_{k=n+1}^{\infty}|a_nx_k|^2\right)^{1/2}\leqslant\varepsilon\left(\sum_{k=n+1}^{\infty}|x_k|^2\right)^{1/2}\leqslant\varepsilon\|x\|,$$

即

$$\|T_n-T\|\leqslant\varepsilon,$$

所以 $\|T_n-T\|\to0(n\to\infty)$，故 T 也是紧算子。

12. $\forall\varphi\in\mathcal{D}$，根据

$$(\delta',\varphi)=-(\delta,\varphi')=-\int_{-\infty}^{+\infty}\delta(x)\varphi'(x)\mathrm{d}x=-\varphi'(0),$$

得到$(\delta',\varphi)=-\varphi'(0)$。

习　题　4

1. (1) 正定性：$\langle x,x\rangle=\int_a^b x^2(t)\mathrm{d}t\geqslant0$，并且

$$\langle x,x\rangle=\int_a^b x^2(t)\mathrm{d}t=0\Leftrightarrow x(t)=\theta,\text{a. e.}。$$

(2) 对称性：$\langle x,y\rangle=\langle y,x\rangle$为显然。

(3) 线性性：$\forall x,y,z\in C^1([a,b])$及$\forall k,l\in\mathbb{R}$，有

$$\langle kx+ly,z\rangle=\int_a^b(kx+ly)z\,\mathrm{d}t=k\left(\int_a^b xz\,\mathrm{d}t\right)+l\left(\int_a^b yz\,\mathrm{d}t\right)=k\langle x,z\rangle+l\langle y,z\rangle,$$

因此$(L^2([a,b]),\langle\cdot,\cdot\rangle)$是一个内积空间。

2. 由于$x_1,x_2,\cdots,x_n$两两正交，故$\forall i\neq k$，有$\langle x_k,x_i\rangle=0$，因此

$$\left\|\sum_{k=1}^n x_k\right\|^2=\left\langle\sum_{k=1}^n x_k,\sum_{i=1}^n x_i\right\rangle=\sum_{k=1}^n\sum_{i=1}^n\langle x_k,x_i\rangle=\sum_{k=1}^n\langle x_k,x_k\rangle=\sum_{k=1}^n\|x_k\|^2,$$

所以命题成立。

3. 对于正交系中的向量$\boldsymbol{x}_1,\boldsymbol{x}_2,\cdots,\boldsymbol{x}_n$，假设

$$a_1\boldsymbol{x}_1+a_2\boldsymbol{x}_2+\cdots+a_n\boldsymbol{x}_n=\boldsymbol{0},$$

则$\forall k=1,2,\cdots,n$，根据正交性有

$$0=\langle\boldsymbol{x}_k,a_1\boldsymbol{x}_1+a_2\boldsymbol{x}_2+\cdots+a_n\boldsymbol{x}_n\rangle=\langle\boldsymbol{x}_k,a_k\boldsymbol{x}_k\rangle=a_k\langle\boldsymbol{x}_k,\boldsymbol{x}_k\rangle=a_k\|\boldsymbol{x}_k\|^2。$$

因为$\boldsymbol{x}_k\neq\boldsymbol{0}$，所以$a_k=0$，故$\boldsymbol{x}_1,\boldsymbol{x}_2,\cdots,\boldsymbol{x}_n$线性无关。

4. (1) $\forall x\in M$，由$x\perp M^{\perp}$，知$x\in(M^{\perp})^{\perp}$，从而有

$$M\subset(M^{\perp})^{\perp}。$$

(2) $\forall x\in(M^{\perp})^{\perp}$，由正交分解定理可设

$$x=x_1+x_2,x_1\in M,x_2\in M^{\perp}。$$

由$x\perp x_2$，可得

$$\langle x_2,x_2\rangle=\langle x_1+x_2,x_2\rangle=\langle x,x_2\rangle=0,$$

从而有$x_2=\theta$，得到$x=x_1\in M$，即

$$(M^{\perp})^{\perp}\subset M。$$

5. $\forall x\in H$，由正交分解定理可设

$$x=Px+(x-Px),$$

其中$Px\in M$，$(x-Px)\in M^{\perp}$，所以得到

$$\langle Px,x\rangle=\langle Px,Px+x-Px\rangle=\langle Px,Px\rangle=\|Px\|^2。$$

6. 根据$f(x)=\langle x,y\rangle$及内积的性质，f的连续性显然；再根据施瓦茨不等式

$$|f(x)|=|\langle x,y\rangle|\leqslant\|x\|\|y\|,$$

得到$\|f\|\leqslant\|y\|$，即$f\in X^*$；另外，取$x=y\neq\theta$，得到

$$|f(x)|=|\langle y,y\rangle|=\|y\|^2,$$

所以$\|f\|=\|y\|$。

习　题　5

1. 不妨设$x\neq\theta$，则由汉恩-巴拿赫延拓定理存在X上的有界线性泛函f满足

$$f(x)=\|x\|,\quad 并且\ \|f\|=1,$$

并且根据$\{x_n\}$弱收敛于 x 得到

$$f(x)=\lim_{n\to\infty}f(x_n),$$

因此

$$\|x\|=f(x)=\lim_{n\to\infty}f(x_n)\leqslant\lim_{n\to\infty}\|f\|\cdot\|x_n\|\leqslant 1。$$

2. (1) 对于任意的 $x\in X$,由于 X_0 在 X 中稠密,所以存在$\{x_n\}_{n\geqslant 1}\subset X_0$,使得 $x_n\to x$。明显地,存在 $M>0$ 使得

$$\|T_0x_n-T_0x_m\|\leqslant M\|x_n-x_m\|\to 0\quad (n,m\to\infty),$$

所以$\{T_0x_n\}_{n\geqslant 1}$ 是 Y 中的柯西列,根据 Y 是巴拿赫空间,故可设 $y=\lim\limits_{n\to\infty}T_0x_n\in Y$。

令 $Tx=\lim\limits_{n\to\infty}T_0x_n$,下证 Tx 不依赖于收敛于 x 的点列$\{x_n\}_{n\geqslant 1}$ 的选取。事实上,假如 $x_n\to x$,同时 $y_n\to x$,则

$$\|T_0x_n-T_0y_n\|=\|T_0(x_n-y_n)\|\leqslant M\|x_n-y_n\|\to 0,$$

所以 $Tx=\lim\limits_{n\to\infty}T_0y_n$。这表明 T 的定义是合理的。

(2) 根据 T_0 的线性性质可知 T 是 X 到 Y 的线性算子,并且

$$Tx=T_0x,\quad x\in X_0。$$

另一方面,对于任意的 $x\in X$,若$\{x_n\}_{n\geqslant 1}\subset X_0$ 并且 $x_n\to x$,则

$$\|Tx\|=\lim_{n\to\infty}\|T_0x_n\|\leqslant\|T_0\|\lim_{n\to\infty}\|x_n\|=\|T_0\|\|x\|,$$

所以 $\|T\|\leqslant\|T_0\|$,即 $T\in B(X,Y)$;再结合

$$\|T\|=\sup_{x\in X,\|x\|=1}\|Tx\|\geqslant\sup_{x\in X_0,\|x\|=1}\|Tx\|=\|T_0\|$$

即可得出 $\|T\|=\|T_0\|$。

(3) 下证唯一性。假如 T_0 可以延拓成 X 到 Y 的有界线性算子 T 和 T',则对于任意的 $x\in X$,取$\{x_n\}_{n\geqslant 1}\subset X_0$ 并且 $x_n\to x$,则

$$Tx=\lim_{n\to\infty}Tx_n=\lim_{n\to\infty}T'x_n=T'x,$$

由 $x\in X$ 的任意性得到 $T=T'$。

3. (1) 根据 $\sum\limits_{k=1}^{\infty}b_k^2<\infty$ 得到 $x=(b_1,b_2,\cdots)\in l^2$。令算子 $T_n:l^2\to l^1$ 为

$$T_nx=(a_1b_1,\cdots,a_nb_n,0,\cdots),$$

则有

$$\sup_{n\in\mathbf{Z}^+}\|T_nx\|=\sup_{n\in\mathbf{Z}^+}\sum_{k=1}^{n}|a_kb_k|=\sum_{k=1}^{\infty}|a_kb_k|<+\infty,$$

故由共鸣定理,$\|T_n\|$ 一致有界。

(2) 下面来计算 $\|T_n\|$。因为

$$\|T_n x\| = \sum_{k=1}^{n} |a_k b_k| \leqslant \left(\sum_{k=1}^{n} a_k^2\right)^{1/2} \left(\sum_{k=1}^{n} b_k^2\right)^{1/2} \leqslant \left(\sum_{k=1}^{n} a_k^2\right)^{1/2} \|x\|,$$

故有 $\|T_n\| \leqslant \left(\sum_{k=1}^{n} a_k^2\right)^{1/2}$。取

$$x_0 = \left(\sum_{k=1}^{n} a_k^2\right)^{-1/2} (a_1, \cdots, a_n, 0, \cdots),$$

则 $\|x_0\| = 1$,此时

$$\|T_n x_0\| = \left(\sum_{k=1}^{n} a_k^2\right)^{-1/2} \|(a_1 a_1, \cdots, a_n a_n, 0, \cdots)\| = \left(\sum_{k=1}^{n} a_k^2\right)^{-1/2} \sum_{k=1}^{n} a_k^2 = \left(\sum_{k=1}^{n} a_k^2\right)^{1/2},$$

所以

$$\|T_n\| = \left(\sum_{k=1}^{n} a_k^2\right)^{1/2},$$

从而得到

$$\sup_{n \in \mathbf{Z}^+} \|T_n\| = \left(\sum_{k=1}^{\infty} a_k^2\right)^{1/2} < +\infty。$$

4. 必要性:设 $x_n \xrightarrow{w} x$,要证 $Tx_n \to Tx$。反设存在 $\varepsilon_0 > 0$ 及 $\{n_i\}$ 使得

$$\|Tx_{n_i} - Tx\| \geqslant \varepsilon_0。$$

根据 $x_n \xrightarrow{w} x$,由共鸣定理,$\{x_n\}$ 有界。又由 T 为紧算子,$\{Tx_{n_i}\}$ 中有子列收敛,不妨设

$$Tx_{n_i} \to z。$$

但是 $\forall f \in Y^*$ 有

$$|f(Tx_{n_i} - Tx)| = |f(T(x_{n_i} - x))| \leqslant \|f\| \|T\| \|x_{n_i} - x\| \to 0,$$

所以 $Tx_{n_i} \xrightarrow{w} Tx$,从而 $Tx = z$,矛盾。

充分性:设 $\{x_n\} \subset X$ 有界,根据 X 为自反空间,必有子列 $x_{n_i} \xrightarrow{w} x$,则 $Tx_{n_i} \to Tx$,所以 T 为紧算子。

5. 必要性:因为 T^{-1} 有界,所以存在常数 $M_0 > 0$ 使得

$$\|T^{-1} y\| \leqslant M_0 \|y\|, \quad \forall y \in D(T^{-1})。$$

$\forall x \in X$,设 $Tx = y$,即 $x = T^{-1} y$,得到

$$\|x\| = \|T^{-1} y\| \leqslant M_0 \|y\| = M_0 \|Tx\|, \quad \forall x \in X,$$

所以

$$\|Tx\| \geqslant \frac{1}{M_0} \|x\| \overset{\text{def}}{=} M \|x\|, \quad \forall x \in X;$$

充分性：若 $Tx=\theta$，则

$$0=\|Tx\|\geqslant M\|x\|,$$

所以 $x=\theta$，即 T 是单射，因此 T^{-1} 存在。设 $y\in D(T^{-1})$，则存在 $x\in X$ 使得 $x=T^{-1}y$，此时根据条件得到

$$\|T^{-1}y\|=\|x\|\leqslant\frac{1}{M}\|Tx\|=\frac{1}{M}\|y\|,$$

所以 T^{-1} 有界。

6. 由 $T\in B(X,Y)$，知 $\exists b>0$，使得

$$\|Tx\|\leqslant b\|x\|,\quad \forall x\in X。$$

又 T 是双射，故由逆算子定理，知 T^{-1} 存在且 $T^{-1}\in B(Y,X)$，故又 $\exists a>0$，使得

$$\|T^{-1}y\|\leqslant\frac{1}{a}\|y\|,\quad \forall y\in Y。$$

取 $y=Tx$，就有

$$a\|x\|\leqslant\|Tx\|,\quad \forall x\in X。$$

7. (1) $\forall\alpha,\beta\in\mathbb{R}$，$\forall x,y\in\ker(T)$，由于

$$T(\alpha x+\beta y)=\alpha Tx+\beta Ty=\theta,$$

故 $\alpha x+\beta y\in\ker(T)$，$\ker(T)$ 为 X 的线性子空间；

(2) 设 $\{x_n\}\subset\ker(T)$，且 $x_n\to x$，则由 $Tx_n=\theta$ 得 $\|Tx_n\|=0$，由闭算子的性质，有 $Tx=\theta$，故 $x\in\ker(T)$，所以 $\ker(T)$ 为 X 的闭子空间。

8. 设 $x_n\to x$，$Tx_n\to y$，$\forall z\in H$，由

$$\begin{aligned}\langle Tx-y,z\rangle&=\lim_{n\to\infty}\langle Tx-Tx_n,z\rangle=\lim_{n\to\infty}\langle x-x_n,Tz\rangle\\&=\langle\lim_{n\to\infty}(x-x_n),Tz\rangle=\langle\theta,Tz\rangle=0,\end{aligned}$$

知 $Tx=y$，故 T 是闭算子，由闭图像定理，T 有界。

习　题　6

1. (1) 正定性：$\langle u,u\rangle=\int_\Omega u^2\mathrm{d}x+\int_\Omega|Du|^2\mathrm{d}x\geqslant 0$，并且

$$\langle u,u\rangle=\int_\Omega u^2\mathrm{d}x+\int_\Omega|Du|^2\mathrm{d}x=0\Leftrightarrow u=0,\text{a. e.}$$

(2) 对称性：$\langle u,v\rangle=\langle v,u\rangle$ 显然成立；

(3) 对变元的线性性：$\forall u,v,w\in H_0^1(\Omega)$ 及 $\forall a,b\in\mathbb{R}$，下式成立

$$\langle au+bv,w\rangle=a\langle u,w\rangle+b\langle v,w\rangle,$$

所以 $\langle u,v\rangle$ 为内积。与内积 $\langle u,v\rangle$ 相应的范数为

$$\|u\|=\left(\int_\Omega u^2\mathrm{d}x+\int_\Omega|Du|^2\mathrm{d}x\right)^{1/2}。$$

类似地可知$\langle u,v\rangle=\int_{\Omega}Du\cdot Dv\mathrm{d}x$也是内积，根据庞加莱不等式，存在$C>0$使得

$$\|u\|_{1,2}^{2}\leqslant\|u\|^{2}\leqslant(C+1)\int_{\Omega}|Du|^{2}\mathrm{d}x=(C+1)\|u\|_{1,2}^{2},$$

即$\|u\|_{1,2}$与$\|u\|$等价，故$\|u\|_{1,2}$是$H_0^1(\Omega)$中的范数。

2. 设$\forall\varphi\in C_0^1([-1,1])$，有$\varphi(-1)=\varphi(1)=0$，利用有理数集的测度为零及分部积分得到

$$\int_{-1}^{1}u\varphi'\mathrm{d}x=\int_{-1}^{1}\varphi'\mathrm{d}x=0=-\int_{-1}^{1}0\varphi\mathrm{d}x,$$

所以根据弱导数的唯一性，得到$Du=0$。

3. 根据

$$\int_{-\infty}^{+\infty}DH\cdot\varphi\mathrm{d}x=-\int_{-\infty}^{+\infty}H\varphi'\mathrm{d}x=-\int_{0}^{+\infty}\varphi'\mathrm{d}x=\varphi(0)=\int_{-\infty}^{+\infty}\delta(x)\cdot\varphi(x)\mathrm{d}x,$$

得到$DH(x)=\delta(x)$。

4. 因为$f\in C^1(\mathbb{R})$，$f'(u)=\dfrac{u}{\sqrt{u^2+1}}$几乎处处有界，所以根据弱导数的链法则得到

$$D(f(u))=f'(u)Du=\frac{uDu}{\sqrt{u^2+1}},\quad\forall u\in W^1(\Omega)。$$

参考文献

[1] 步尚全. 泛函分析基础[M]. 北京：清华大学出版社，2011.

[2] 程其襄，等. 实变函数与泛函分析基础[M]. 3版. 北京：高等教育出版社，2010.

[3] 陆文端. 微分方程中的变分方法[M]. 成都：四川大学出版社，1995.

[4] 庞永锋，等. 应用泛函分析基础[M]. 西安：西安电子科技大学出版社，2015.

[5] 胡国恩，等. 应用泛函分析[M]. 西安：西安电子科技大学出版社，2011.

[6] 汪林. 泛函分析中的反例[M]. 北京：高等教育出版社，2014.

[7] 姚泽清，等. 应用泛函分析[M]. 北京：科学出版社，2007.

[8] 张恭庆，林源渠. 泛函分析讲义[M]. 北京：北京大学出版社，2006.

[9] 郑维行，王声望. 实变函数与泛函分析概要[M]. 北京：高等教育出版社，1980.

[10] 程代展，赵寅. 系统与控制中的近代数学基础[M]. 北京：清华大学出版社，2013.

[11] 吕和祥，王天明. 实用泛函分析[M]. 大连：大连理工大学出版社，2011.

[12] 林源渠. 泛函分析学习指南[M]. 北京：北京大学出版社，2009.